高山生态蔬菜
栽培实用技术

福建省现代农业产业技术体系丛书编委会

主　任：陈明旺

副主任：陈　强　吴顺意

委　员：陈　卉　许惠霖　何代斌　苏回水　徐建清

《高山生态蔬菜栽培实用技术》编写组

总策划：何水林

主　编：李关发　高　山　钟凤林

副主编：徐　磊　薛珠政　郑秀琴　陈秀娟　林志强
苏　昀　王再兴　刘志钦

编　委：何水林　李关发　高　山　钟凤林　徐　磊
薛珠政　郑秀琴　陈秀娟　林志强　苏　昀
王再兴　刘志钦　朱海生　李祖亮　官德义
牟少亮　林　琼　陈凌霄　周永奎　傅立雯
唐义平　张守宇

海峡出版发行集团 THE STRAITS PUBLISHING & DISTRIBUTING GROUP | 福建科学技术出版社 FUJIAN SCIENCE & TECHNOLOGY PUBLISHING HOUSE

图书在版编目（CIP）数据

高山生态蔬菜栽培实用技术 / 李关发, 高山, 钟凤林主编. — 福州：福建科学技术出版社, 2022.12

ISBN 978-7-5335-6846-7

Ⅰ.①高… Ⅱ.①李… ②高… ③钟… Ⅲ.①高山区-蔬菜园艺 Ⅳ.①S63

中国版本图书馆CIP数据核字(2022)第187300号

书　　名	高山生态蔬菜栽培实用技术
主　　编	李关发　高山　钟凤林
出版发行	福建科学技术出版社
社　　址	福州市东水路76号（邮编350001）
网　　址	www.fjstp.com
经　　销	福建新华发行（集团）有限责任公司
印　　刷	福建省金盾彩色印刷有限公司
开　　本	700毫米×1000毫米　1/16
印　　张	7
字　　数	110千字
版　　次	2022年12月第1版
印　　次	2022年12月第1次印刷
书　　号	ISBN 978-7-5335-6846-7
定　　价	28.00元

书中如有印装质量问题，可直接向本社调换

前言

鹫峰山、武夷山、戴云山、玳瑁山等中高海拔地区，是福建省发展高山蔬菜的优势区域，每年6～9月蔬菜夏秋淡季，充分发挥当地夏秋季独特的冷凉气候资源优势，发展高山冷凉蔬菜生产，为市场提供花色丰富的新鲜蔬菜，能有效地形成资源和劳力要素配置，形成合理的生产能力和稳定的商品量，从而获得高质量和高效益的产品,这也是省内外高山区发展蔬菜业的成功经验。近年来，福建省现代农业蔬菜产业技术体系（2060302）对福建省高山蔬菜开展了品种引进、筛选，栽培技术集成、示范和推广，特别在种植模式的优化、农业机械的引进和应用等方面开展了大量的工作，形成了较为成熟的技术。为了更好地促进这些技术的推广，以充分地发挥其在高山蔬菜生产中的指导作用，我们组织体系内的有关专家编写了这本《高山生态蔬菜栽培实用技术》。全书涵盖了高山的主要蔬菜类型、品种、栽培技术和种植模式。本书在编写过程中坚持先进性、科学性、实践性和通俗性相结合，既可供相关领域教学研究人员参考，也可作为农技人员的培训教材，还可供中高海拔地区蔬菜种植户、基层科技特派员、蔬菜企业等高山蔬菜从业者参考使用。

本书编写得到了福建省种子总站、福建省种植业技术推广总站和福建省农科院、福建农林大学等相关单位的支持。全书由福建省现代农业蔬菜产业技术体系首席专家、福建农林大学何水林教授策划，技术体系屏南综合试验站李关发教授级高级农艺师和福建农林大学刘志钦副教授总体统稿，技术体系岗位专家高山研究员、钟凤林教授，福建省种子总站郑秀琴高级农艺师，福建省种植技术推广总站徐磊高级农艺师，福州市蔬菜科学研究所陈秀娟研究员，福建省农机推广总站林志强等专家参与编写及提供部分图片。本书引用了部分学者的研究成果及有关书刊的相关资料，得到了许多同仁的大力支持，谨在此对提供帮助的人员表示衷心的感谢！

由于编写时间仓促，加之作者水平有限，书中不足和疏漏之处在所难免，恳请读者批评指正，供再版时修订改正。

何水林

2022 年 8 月

目录

一、高山蔬菜发展概况

福建省鹫峰山、戴云山、武夷山和玳瑁山等海拔500米以上高山地区，涵盖宁德、南平、三明、福州、泉州等地市的10多个县，夏秋季气候凉爽，光、热条件好，病害少，十分有利于蔬菜产业的发展。蔬菜产业经过多年的发展，已成为当地农业增效和农民增收的重要产业。

以屏南县为例，该县位于福建省东北部，鹫峰山脉中段，2019年全县总人口19.08万人。土壤主要为黄红壤和黄壤，质地多属中壤及黏壤土，有机质含量丰富，土层深厚，保水保肥能力强。全县大多数地方海拔在800米，立体气候特征显著，与福建沿海形成垂直梯度气候差异，气候温润，雨量充沛，年平均气温13～18℃，年降水量1700～2400毫米，无霜期长达263天，夏无酷暑，冬无严寒，有夏秋季“天然空调”之美称。屏南独特的生态环境和气候条件，造就蔬菜时令性错季生产优势，成为全省高山生态特色农业优势区。

图1-1 屏南花菜基地

图 1-2　高山花菜新品种引种示范片

图 1-3　高山花菜新品种筛选试验区

图 1-4　高山花菜新品种引种测试筛选

图 1-5　高山辣椒新品种引种示范

屏南主要农作物有水稻、高山蔬菜、食用菌、水果、茶叶和中药材等。从1996年开始，由宁德市经作站与屏南县经作站在甘棠乡示范场试验示范高山（反季节）蔬菜获成功后，在省市农业主管部门的全力指导下，在福建农林大学、福建省农科院、福州市蔬菜科学研究所等相关高校、科研院所的大力支持下，全县稳步推进高山蔬菜生产，通过调整种植结构，提高蔬菜品质，增加花色品种，降低生产成本，先后从国内外筛选引进试验、示范、推广了花菜、大白菜、结球甘蓝、青梗菜、樱桃番茄、荷兰豆、四季豆、豇豆、苦瓜、丝瓜、茄子、甜（辣）椒、莴苣、芦笋等上百个名特优新蔬菜品种，产品主

图 1-6　筛选示范成功一个就推广一片

要销往厦门、漳州、泉州、福州、宁德及上海、温州等地，少量远销日本和东南亚，夏秋季日外销量达到600吨以上，使屏南成为福建省高山蔬菜的主要产销集散地，高山蔬菜产业也成为当地农民增收致富的一项主导产业之一，全县35%以上的农户靠种菜脱贫致富。2020年全县蔬菜栽培面积15.35万亩（1亩约为667米^2），产量30.75万吨，产值6.89亿元。

图1-7 田园培训公开课

二、高山生态蔬菜栽培技术及模式

高山生态栽培适宜的海拔高度在600米以上，以800米以上最佳。海拔高，选中熟品种，播种期应适当提前；海拔低，选中熟或早熟品种，播种期则相应推迟。在炎热的夏秋季，由于沿海一带或低海拔地区气温高的缘故，不耐热的蔬菜较难种植；而利用中高海拔山区冷凉气候，可种植沿海一带或低海拔地区难以种植的蔬菜，解决这一地区6 ~ 9月蔬菜供应“夏秋淡季”问题，为市场提供花色丰富的新鲜时令蔬菜。因此，必须要以上市期为依据，根据各品种的生育期合理安排播种期。

（一）园地选择

土壤应选择耕作层深厚、沙黏适中、pH值在6.5 ~ 7.0、肥力中上、排灌方便的田块，要求交通方便，便于采收销售。建议每两年进行一次“稻—菜”或“菜—稻”模式的水旱轮作（图2-1），以改善土壤的理化性状、减少连作障碍的发生。

图2-1 两年进行一次“菜—稻”模式轮作

（二）品种与播期选择

高山夏秋栽培蔬菜，品种主要有花菜、大白菜、结球甘蓝、萝卜、西蓝花、青梗菜、番茄（樱桃番茄）、茄子、甜（辣）椒、荷兰豆、四季豆、豇豆、菜豆、黄瓜、南瓜、苦瓜、丝瓜、芹菜、香菜、生菜、芥菜及芋头、生姜等。

以在中高海拔800米左右生产应用较广的大白菜、结球甘蓝、花菜为例，主栽品种及栽培期分别见表2-1、表2-2、表2-3。

表 2-1　高山大白菜

品种名称	播种期	苗期(天)	生育期(天)	抗病性		备注
				病毒病	软腐病	
永荣热宝	5月上旬～8月中旬	18～20	45～55	强	较强	
夏阳白	5月上旬～8月中旬	18～20	45～55	强	较强	
瑞雪夏优	5月上旬～8月中旬	18～20	45～55	强	强	
台农 308	5月上旬～8月中旬	18～20	45	强	强	
长胜 45	5月上旬～8月中旬	18～20	45	强	强	
春秋大王	5月上旬～8月中旬	18～20	45	强	强	
绿夏	5月上旬～8月中旬	18～20	45	强	强	
夏胜	5月上旬～8月中旬	18～20	45	强	强	
夏华	5月上旬～8月中旬	18～20	45	强	强	
抗病春绿	5月上旬～8月中旬	18～20	45	强	强	
夏白结	5月上旬～8月中旬	18～20	45	强	强	
夏结	5月上旬～8月中旬	18～20	45	强	强	
夏福 2 号	5月中旬～8月中旬	15～20	40	强	强	不宜太早播种
早杂 5 号	5月中旬～8月中旬	15～20	45	强	强	不宜太早播种
胜春大白菜	9月～10月中旬	30	90～110	强	强	
皇后大白菜	1～2月	30	60～80	强	强	不宜太迟播种

表 2-2　高山结球甘蓝

品种名称	播种期	苗期(天)	生育期(天)	抗病性	
				病毒病	软腐病
早秋	5月上旬～8月中旬	18～20	80	强	强
夏秋	5月上旬～8月中旬	18～20	80	强	强
夏结 7830	5月上旬～8月中旬	18	80	强	强
夏结	5月中旬～8月中旬	18～20	80	强	强

续表

品种名称	播种期	苗期(天)	生育期(天)	抗病性	
				病毒病	软腐病
晓林	5月中旬～8月中旬	18～20	80	强	强
夏星	5月上旬～8月中旬	18～20	80	强	强
超级夏王	5月上旬～8月中旬	18～20	80	强	强
绿农 F1	5月上旬～8月中旬	18～20	80	强	强
力宝	5月上旬～8月中旬	18～20	80	强	强

表 2-3　高山花菜

主栽品种	播期	苗龄(天)	注意事项
庆农 90 天 禾峰 90 天 瑞雪 95 天 青秀 90 天 美玉松 85	12月至翌年1月中旬	45～55	不迟过大寒节气
禾峰 80 天 白玉 80 天 瑞雪 80 天	1月～2月上旬	45～55	不迟过立春节气
庆农 80 日 高山宝 75 农美 70 日	2月	30～40	不迟过惊蛰节气，高温天气能结花球，但会出现毛花
青秀 75 天 高山宝 65	2月上旬～3月上旬；7～8月	35	早播不迟过3月10日；秋播不早于小暑节气
青秀 68 天 爱木青 65	2月下旬～3月中旬；7～8月	25～30	炎热天要常灌跑马水，最好能避开7月中旬～8月收球
庆农 70 日 农福 CC-65 力禾 65 天 瑞雪 65 天 庆丰 65 天	4月上中旬；7月中旬～8月	30	花球期应避开最炎热的7月
庆农 65 日 高山宝 60 庆丰 60 天	4月中旬至秋季	25～28	4月之前不要播种，以免早花

续表

主栽品种	播期	苗龄（天）	注意事项
庆农 60 日 禾峰 65 天	4 月下旬之后	25	最热的三伏天也能正常结花球
丰田 65 日 丰农 65 日	4 月至秋季	25 ～ 28	4 月之前不能播种
青秀 60 天	4 月中旬至秋季	22 ～ 28	最热的三伏天也能正常结花球
高山宝 55 雪宝 55 天	5 月中旬～ 6 月上旬	20	最热的三伏天也能正常结花球

需要特别强调的是，中高海拔地区蔬菜栽培因受播种时间、气候、土壤及栽培管理等因素影响会有差异，应在小面积试种成功后，方可推广播种；高山栽培风险性高，应适时、适地、适法栽培管理，以得最佳收益；种植者务必认真参照种子包装说明书中的品种特性，在技术人员指导下科学安排播种期和茬口模式。

图 2-2　禾峰 65 天示范推广片

图 2-3　瑞雪 80 天示范推广片

图 2-4　高山青梗菜示范片

（三）培育壮苗

采用营养块、营养袋、穴盘等育苗。建议统一采用智能集约化育苗培育壮苗。甘蓝、大白菜亩种 2000 ~ 2200 株，花菜亩种 1800 株，辣椒、番茄亩种 1600 ~ 1800 株，茄子亩种 1200 株。园地就近营养块育苗，步骤见图 2-5 至图 2-11。

图 2-5　选择苗床地并撒施生石灰

图 2-6　浇透水后耙耘整平

图 2-7　切割营养块

图 2-8　点播种子

图 2-9　覆盖塘土（盖种）

图 2-10　插拱竹备盖塑料薄膜

图 2-11　小拱棚保温苗

（四）科学田管

1. 施肥管理

基肥以腐熟粪肥或商品有机肥为主，配合一定量的化肥。菜地翻犁前亩施石灰 75 ~ 100 千克，翻犁晒白后每亩均匀施入腐熟粪肥 1500 ~ 2000 千克（图 2–12 和图 2–13）、过磷酸钙 50 千克、蔬菜专用肥 100 千克，耙细后起垄整畦。

图 2–12　穴施腐熟农家粪肥

追肥：定植后 5 ~ 7 天及时施入起苗肥和发棵肥，每次施尿素 3 千克、硼锌铁镁肥 1 千克，兑水 1000 千克浇施。大白菜、甘蓝等叶球类蔬菜在发棵期、莲座期和结球期前应重施追肥，亩施碳铵 25 ~ 30 千克、硫酸钾 10 千克或三元复合肥 20 千克。茄果类蔬菜在现蕾期，每次施含硫三元复合肥 20 ~ 25 千克，每隔 10 ~ 15 天施一次结果肥。

图 2–13　全园撒施商品有机肥

2. 水分管理

灌水采用微喷灌、浇灌等方法。晴天干旱要早、晚浇灌水，雨季应及时排水、防涝，沙漏地应勤灌水。同时及时做好中耕、除草和培土工作。

一般叶菜类要求土壤湿度 60% ~ 70%，茄果类 50% ~ 60%，瓜类 70% ~ 80%。

3. 遮阴覆盖

夏秋季节暴雨、强光照等不良天气对蔬菜生长发育极为不利，采用遮阳网覆盖栽培，可增产增收。可采用拱棚 + 遮阳网覆盖方式，主要用于速生叶菜及夏秋甘蓝、花菜、大白菜等蔬菜育苗，以利出苗、齐苗和全苗，提高成活率。拱棚覆盖则为搭小拱棚进行覆盖，或直接利用大小棚的骨架进行覆盖。

覆盖时间的长短视作物种类、天气和栽培季节而定，一般高温干旱、光照强时覆盖时间可长些，阴天、天气转凉、日照时间少则覆盖时间相应减少。

在进行小拱棚遮阳网覆盖栽培时，应采取相应的栽培管理措施。遮阳网揭盖应根据天气情况及蔬菜对光照强度和温度要求灵活把握。一般应做到晴天盖，阴天揭；大雨盖，小雨揭；晴天中午盖，早晚揭；前期盖，后期揭。充分发挥遮阳网的遮光、降温和防暴雨作用，同时加强肥水管理和病虫害防治工作。

4. 加强病虫害防治

遵循“预防为主，综合防治”的植保方针。在农业措施上选用抗病良种、进行水旱轮作、种子消毒和土壤处理等方法。根据病虫种类，选用最佳生物农药、低毒农药品种，做到对症下药。

病毒病：病毒病与真菌、细菌性病害不同，它是一种系统性的病害，属高山区高温季节常发的一类蔬菜病害，俗称为蔬菜上的“癌症”。高山区病毒病在6～9月为高发期，一旦发病，蔬菜作物常常表现出花叶、蕨叶、黄化、矮化、皱缩和畸形及生长点受阻等异常现象，进而出现减产，甚至绝产绝收，严重影响到农户的收益。病毒病一般有四大典型症状：花叶型、黄化型、坏死型、皱缩畸形型。一是花叶型：典型症状是病叶、病果出现不规则褪绿、浓绿与淡绿相间的斑驳，植株生长无明显异常，但严重时病部除斑驳外，病叶和病果畸形皱缩，叶明脉，植株生长缓慢、矮化或结小果，果难以转红或只局部转红，僵化。二是黄化型：植株矮化并伴有明显的落叶，病叶褪绿变黄，严重时植株上部叶片全变黄色，形成上黄下绿。三是坏死型：包含芽枯、顶枯、斑驳坏死、条纹状坏死等。芽枯、顶枯指植株芽叶、枝杈顶端幼嫩部分变褐坏死，而其余部分症状不明显；斑驳坏死在叶片和果实上发生，病斑红褐色或深褐色，不规则状，或穿孔或发展成黄褐色大斑，病斑周围有一深绿色的环，叶片迅速黄化脱落；条纹状坏死主要表现在枝条上，病斑红褐色，沿枝条上下扩展，得病部分落叶、落花、落果，严重时整株枯干。四是皱缩、畸形型：表现为叶面皱缩，病叶增厚、变小或呈蕨叶状，植株节间缩短、矮化，病果畸形，果面凹凸不平，病果易脱落。

病毒病防控要点：一是补增植株抗性，可在蔬菜作物叶面喷施二氢钾、芸薹素类增强抗性的生长调理剂，预防病毒病。二是补充中微量元素，如蔬菜黄化病毒、蕨叶病毒类就是因为体内缺乏镁铁锌等中微量元素而导致的，因此在种植蔬菜的过程中，需及时补充中微量元素。三是病毒可通过粗放农事操作、种子和无性繁殖材料、病株的汁液传染、昆虫等加剧病害扩散，注意防治蚜虫、蓟马等害虫。可用20%盐酸吗啉胍（毒克星、病毒A）、1.5%植病灵、3.85%病毒必克（三氮唑核苷·铜锌）、5%菌毒清（环中菌毒清）等喷雾防治，蚜虫加用70%吡虫啉或10%吡虫啉、3%啶虫脒乳油、50%抗蚜威、5%顺式氯氰菊酯、艾美乐等，5～7天喷一次，连喷2次。

细菌性病害：主要有软腐病、青枯病、角斑病、黑腐病等。防治用药有枯草芽孢杆菌、中生菌素、噻唑锌、噻森铜、噻菌铜、氢氧化铜、噻霉酮、氯溴异氰尿酸等。

真菌性病害：霜霉病、炭疽病、疫病、锈病、白粉病等。可用苯醚甲环唑、腈菌唑、乙嘧酚、吡唑醚菌酯、戊唑醇等。

线虫：可用生石灰中和土壤酸性以及使用阿维菌素、噻唑膦、敌百虫等。

菜青虫、小菜蛾（吊丝虫）：可用苏云金杆菌、多杀霉素、甲氨基阿维菌素苯甲酸盐、氟啶脲、氟铃脲、丁醚脲、茚虫威、虫螨腈、氯虫苯甲酰胺等药剂防治，对农药抗性强的，可选用化学药剂复配或与微生物药剂混用来提高防效，并注意交替使用，避免产生抗药性。

斜纹夜蛾、棉铃虫及烟青虫：在3龄幼虫钻入果菜前进行防治，用甲维·虫酰肼、虫螨腈、高氯·甲维微乳剂等药剂防治。也可用黑光灯、频振式杀虫灯诱杀成虫。

豆荚螟：是豆科作物的主要害虫，成虫产卵于嫩荚和花蕾上。初孵幼虫经短时间活动便蛀花危害，幼虫3龄后入荚蛀食豆粒并有多次转移为害习性，喷药以早晨8时前花瓣张开时为好，使虫体充分接触农药，以花荚喷药为主。可用短稳杆菌悬浮剂、苏云金杆菌、茚虫威水分散粒剂、虱螨脲乳油、氯虫苯甲酰胺悬浮剂。

蚜虫：可用70%吡虫啉水分散粒、5%啶虫脒乳油、22%氟啶虫胺腈悬浮剂等。

茶黄螨和叶螨：可用矿物油、螺螨酯、乙螨唑、阿维菌素等。

地下害虫：种类有蛴螬、蝼蛄、小地老虎、金针虫等，可用90%敌百虫可溶粉剂等药剂防治，蝼蛄和金针虫可用毒饵诱杀或用糖醋液诱杀成虫。小地老虎1～4龄是用药适期。

蜗牛、蛞蝓：取食蔬菜茎叶、幼苗，严重时造成缺苗、断垄。可用6%四聚乙醛颗粒剂毒土措施。

（五）高效种植模式

1. 主要模式

为确保高山蔬菜产业创新示范，做大做强做优高山农业示范基地，按照“比较优势”的原则，屏南县在岭下、棠口万亩蔬菜示范基地通过“高山蔬菜产业链技术创新”示范，发展高山蔬菜合理密植技术，创新集成示范推广高山生态蔬菜多茬口、间（套）作、轮种等高质高效栽培模式：早春花菜—夏生姜（大白菜、西瓜、辣椒、茄子、芹菜、豆类）—秋花菜（大白菜、甘蓝）—冬大白菜（甘蓝、萝卜）栽培模式，每茬亩产值超过万元，效益显著。具体茬口安排推荐如表 2-4。

图 2-14　夏生姜套种秋花菜

图 2-15　夏玉米套种秋花菜

表 2-4　高山生态蔬菜多茬高质高效栽培模式

<table>
<tr><th>茬口</th><th>作物</th><th>播种时间</th><th>采收时间</th><th>推荐品种</th></tr>
<tr><td rowspan="2">第一茬</td><td rowspan="2">早春花菜</td><td>12 月至翌年 1 月</td><td>4 月下旬～5 月中旬</td><td>庆农 90、白玉 80、禾峰 80、瑞雪 80、长胜 90、农乐 90、丰农 100</td></tr>
<tr><td>2 月中旬～3 月上旬</td><td>5～6 月</td><td>青秀 68、新力禾 65、爱木青 65</td></tr>
<tr><td rowspan="2">第二茬</td><td>豇豆或菜豆</td><td>3 月下旬</td><td>5 月中旬～6 月</td><td>早翠、翻豇到海</td></tr>
<tr><td>辣椒
茄子</td><td>3 月下旬～4 月下旬</td><td>6 月下旬～9 月下旬</td><td>红河、红树林、艳椒、福农 7 号；
先锋二号、农友 704</td></tr>
</table>

续表

茬口	作物	播种时间	采收时间	推荐品种
第二茬	生姜	4 月或在花菜中套种	8 月下旬～9 月上旬收嫩姜，10 月下旬收老姜	本地姜、台湾胖姜
	花菜	4～5 月	7 月中旬～8 月	庆农 65、高山宝 60、禾峰 65、农乐 65、雪白 65、禾峰 65、高山宝 55
	大白菜	5 月中旬～6 月	6 月下旬～8 月上旬	夏福 2 号、永荣热宝、瑞雪夏优
第三茬	大白菜	6～7 月	8 月下旬～9 月	夏福 2 号、永荣热宝、瑞雪夏优
	豇豆或菜豆	6 月上旬～7 月中旬	7 月中下旬～9 月	早翠、翻豇到海
	花菜	6 月下旬～7 月套种生姜或辣椒行边	9 月中旬～10 月下旬	庆农 65、农乐 65、雪白 65、禾峰 65、高山宝 60、青秀 68、新力禾 65、爱木青 65
第四茬	冬大白菜	9 月上中旬	11 月至翌年 2 月	冬宝、胜春
	冬甘蓝萝卜	9 月上中旬	12 月至翌年 2 月	小林大蕊甘蓝、京丰 1 号；九斤大畔洲

2. 冬休耕—春花菜—夏秋辣椒玉米间套作模式

图 2-16　夏秋玉米辣椒间套种模式

屏南县是高山蔬菜的优势区，高山蔬菜产业是当地优势产业，近年来不断在茬口调整、良种选择和技术上创新，均取得了显著成效，经过实践和探索，总结出中高海拔地区冬休耕—春花菜—夏秋辣椒玉米间套种模式（图 2-16），花菜每亩产量 2000 千克，产值 0.8 万元；辣椒每亩产量 2500 千克，产值 1.25 万元；鲜食玉米每亩可产 2800 穗，产值 0.84 万元，亩年总产值在除去成本后净收入约 2 万元，有效提高了土地综合利用率。该模式已在屏南县多地成功示范推广。

（1）茬口安排

于11月中旬至12月下旬的冬闲时节，清除田园枯枝烂叶，深耕晒垡、冻垡，打破犁底层，实行用地与养地相结合，利用冬季休耕恢复地力。春花菜于12月冬至后至翌年1月大寒前利用拱棚保温育苗，2月立春后选择“冷尾暖头”定植，4月底至5月中旬收获；辣椒于3月惊蛰至春分间拱棚育苗，5月上中旬幼苗具有8～9片叶时定植，7月开始采收，至霜降收获结束；鲜食玉米于4月清明后穴盘育苗，5月上中旬定植，8月上中旬乳熟期适时采收上市。辣椒与玉米间作可以合理利用生产空间，同时玉米可为辣椒遮阳，减轻辣椒日烧病的发生，提高单位面积产量。

（2）良种选择

春花菜宜选择耐寒、抗病性较强的中晚熟品种，例如瑞雪80天、农福90天、禾峰80天、白玉80天等。辣椒可选择耐热、抗逆性强的螺丝椒或羊角椒。鲜食玉米可选择雪甜7401、牛奶玉米F1等耐热、抗逆性强的鲜食类型品种。

图2-17　瑞雪80天花菜示范片

图2-18　黄金88花菜示范片

（3）春花菜栽培技术要点

播种育苗：南方高山区冬春季寒流发生频繁，为确保花菜幼苗生长温度，元旦前后两周采用双层拱棚保温育苗，可以采用营养块、营养袋或穴盘点播方式，播种后及时搭建双层中拱棚或小拱棚。齐苗后按时揭开塑料薄膜通风排湿，寒流霜冻来临前及时加盖薄膜，定植前7天揭去薄膜低温炼苗，确保2月上中旬能达到壮苗标准。

整地定植：定植前翻地施肥，基肥以速效氮磷钾复合肥和腐熟农家粪肥为主，每亩施腐熟农家粪肥2000千克、三元复合肥50千克、硼锌肥1千克。做深沟高畦，畦宽（包沟）1.5米，沟深30厘米。春季花菜苗龄40～50天，幼苗五叶一心时选择“冷尾暖头”的晴天，按行距50厘米、株距45厘米双行“品”字形定植，每亩定植1500～1800株。

田间管理：高山区春季多阴雨，气候变化较大，在花菜绿体春化前务必保证叶簇健壮，定植后要保持土壤湿润，植株不受冻害，并根据植株生长情况进行中耕追肥，以满足植株营养生长需求。缓苗后每亩施浓度为1.5%的尿素稀释液肥7.5千克，同时根外喷施0.2%～0.3%磷酸二氢钾液肥；7～10天后进行第二次追肥，结合浇水每亩施45%高氮高钾型复合肥（N ：P_2O_5 ：K_2O=20 ：5 ：20）20千克，同时根外喷施0.3%～0.4%磷酸二氢钾液肥；15天后浅中耕一次，以后视植株生长势追肥，当花球球径达8～10厘米时每亩追施45%硫酸钾型复合肥15千克、尿素5千克、硫酸钾10千克或草木灰50千克。对于缺乏镁、硼、锌、钙、钼元素的地块，须及时根外喷施浓度为0.2%～0.5%的中微量元素，连续喷施1～2次。

病虫害防治：高山区春花菜病害主要有立枯病、猝倒病、霜霉病、菌核病等；基本上不发生虫害，采收后期有少量小菜蛾、蚜虫、黄曲条跳甲等为害。防治猝倒病、立枯病，可用30%精甲·噁霉灵水剂800倍液喷雾；霜霉病可用25%嘧菌酯（阿米西达）悬浮液1000倍液喷雾；菌核病可用50%腐霉利可湿性粉剂1000倍液，或70%甲基硫菌灵（甲基托布津）可湿性粉剂800倍液喷施叶面或茎部；以上病害一般每隔7天防治1次，共防治2次。防治小菜蛾、黄曲条跳甲要及时清除田间残株落叶，铲除杂草，小菜蛾可用5%甲氨基阿维菌素苯甲酸盐（甲维盐）水分散粒剂3000倍液喷雾，黄曲条跳甲可用20%氯氰菊酯乳油2000倍液喷雾，一般每隔7天防治1次，共防治2次。

及时收获：春花菜花球球径达12厘米以上时，选择无病斑老叶扭转到中央，遮盖花球防晒。花球球面圆整、肥大、质地致密且花球未散开时为最佳采收期。

（4）辣椒玉米间套作技术要点

播种育苗：选择地势稍高燥、方便排灌、富含有机质的肥沃壤土地块作苗床，3月惊蛰至春分期间采用拱棚培育辣椒苗；4月清明后穴盘培育玉米苗。辣椒和玉米幼苗定植前，可用70%甲基硫菌灵可湿性粉剂30克兑水50千克，用喷壶浇施，防止幼苗带病定植。

定植：辣椒、玉米需肥量均较大，一定要施足基肥。前茬花菜收获后及时清洁田园，每亩施腐熟农家肥 8 米^3、45% 硫酸钾型复合肥 50 千克、过磷酸钙 40 千克、硼锌钙镁肥 4 千克作基肥。结合施基肥，每亩用 80% 多菌灵可湿性粉剂 500 克拌细土撒施后翻耕混匀，地老虎、蝼蛄较多的地块每亩可用 90% 敌百虫晶体 500 克拌细土撒施。栽培畦面宽 1.2 米、高 0.3 米，沟宽 0.3 米，每条畦上种植 1 行辣椒、1 行玉米。辣椒与玉米行距 0.6 米，辣椒株距 0.5 米，玉米株距 0.25 米，每亩定植辣椒 1300 ~ 1500 株、玉米 2800 ~ 3000 株。

肥水管理：定植后每隔 7 天叶面喷洒 1 次 0.2% 磷酸二氢钾或 0.01% 芸薹素内酯可溶性液剂 2000 倍液，共喷施 3 次，促进作物光合产物的合成与运输，增强辣椒、玉米植株的抗病性和抗逆性。定植后 7 ~ 10 天开始浇施 0.5% 尿素稀释液肥，门椒坐稳后、玉米进入大喇叭口期及时追肥浇水，每亩随水 1000 千克追施高氮型硫酸钾复合肥（N ∶ P_2O_5 ∶ K_2O=21 ∶ 6 ∶ 13）20 千克，或开沟条施，注意施后中耕并覆土；门椒开始采收、玉米抽穗期，结合浇水每亩追施高氮复合肥（N ∶ P_2O_5 ∶ K_2O=21 ∶ 6 ∶ 13）20 千克、高钾复合肥（N ∶ P_2O_5 ∶ K_2O=13 ∶ 6 ∶ 28）20 千克。玉米采收后及时清除秸秆，之后每采收 1 次辣椒就要追 1 次肥，每次每亩追施硫酸钾型复合肥（N ∶ P_2O_5 ∶ K_2O=17 ∶ 17 ∶ 17）15 千克，一直持续至霜降辣椒采收结束。

病虫害防治：辣椒病害主要有病毒病、炭疽病、疫病、疮痂病。病毒病主要是由害螨、蚜虫等传播病毒，可用 1.8% 辛菌胺醋酸盐水剂 800 倍液或 2% 氨基寡糖素水剂 500 倍液 +0.01% 芸薹素内酯可溶性液剂 2000 倍液 +1.8% 阿维菌素微乳油 1500 倍液喷雾防治，一般每隔 7 ~ 10 天防治 1 次，共防治 2 ~ 3 次；防治疫病和炭疽病可用 72% 霜脲 · 锰锌可湿性粉剂 800 倍液，或 10% 苯醚甲环唑水分散粒剂 1200 倍液交替喷雾，一般每隔 10 天防治 1 次，共防治 2 次；防治疮痂病可用 47% 春雷 · 王铜可湿性粉剂 600 倍液，或 77% 氢氧化铜可湿性粉剂 500 倍液，或 60% 琥 · 乙膦铝可湿性粉剂 500 倍液交替喷雾，一般每隔 10 天防治 1 次，共防治 2 次。虫害主要有茶黄螨、烟青虫，可用 5% 甲氨基阿维菌素苯甲酸盐水分散粒剂 3000 倍液，或白僵菌菌液（每克含白僵菌活孢子 100 亿个以上，与水配成 400 倍菌液喷雾），或用每毫升含孢子 80 亿个金龟子绿僵菌 CQma421 可分散油悬浮剂 400 倍液喷雾，最好在虫害发生初期进行防治，叶片的正、背面都要均匀喷雾，一般每隔 15 天防治 1 次，共防治 2 次。

鲜食玉米病害主要有叶斑病、丝黑穗病，可用 75% 百菌清可湿性粉剂 800 倍液，或 15% 三唑酮（粉锈宁）500 倍液喷雾，一般每隔 7 ~ 10 天防治 1 次，共防治 2 次。虫害主要有草地贪夜蛾、蚜虫、玉米螟虫。防治玉米蚜虫，每亩可用 70% 吡虫啉（艾美乐）水分散粒剂 6 克兑水 50 千克喷雾，一般每隔 7 ~ 10 天防治 1 次，共防治 2 次；防治草地贪夜蛾、玉米螟虫，应重点消除越冬寄主，草地贪夜蛾成虫发生期可用诱杀式黑光灯和性诱剂诱杀，或用每克含活孢子 100 亿个以上的白僵菌可分散油悬浮剂 150 倍液浇灌幼苗根颈部，一般每隔 15 天防治 1 次，共防治 2 次；在草地贪夜蛾、玉米螟虫产卵盛期和卵孵化期，可用每克含活孢子 100 亿个以上的白僵菌可分散油悬浮剂 400 倍液叶面喷施 1 ~ 2 次，一般每隔 15 天防治 1 次。

适时采收：辣椒可连续多次采收，以晴朗上午采收为宜，通常在落花 13 ~ 25 天后采收青椒。及时采收门椒、对椒，以免坠秧，其余椒果由皱转平、色泽由浅转深、果面发亮时采收，盛果期每隔 3 ~ 5 天采收 1 次。

鲜食玉米适时采收是保证其商品品质的关键，最佳采收期依籽粒成熟度（可剥开苞叶查看）而定，授粉后约 25 天籽粒进入乳熟期，此时籽粒含糖量、含水率、口感风味俱佳，过早或过迟采收均影响品质。

（5）冬季休耕

高山区秋收结束后，于 11 月中旬至 12 月下旬的冬闲时节，清除园地枯枝烂叶并集中烧毁，深耕打破犁底层，晒垡冻垡，加深耕作层，疏松土壤，增加土壤孔隙度，实行用地与养地相结合，利用冬季休耕恢复地力，确保下一年节本丰收。

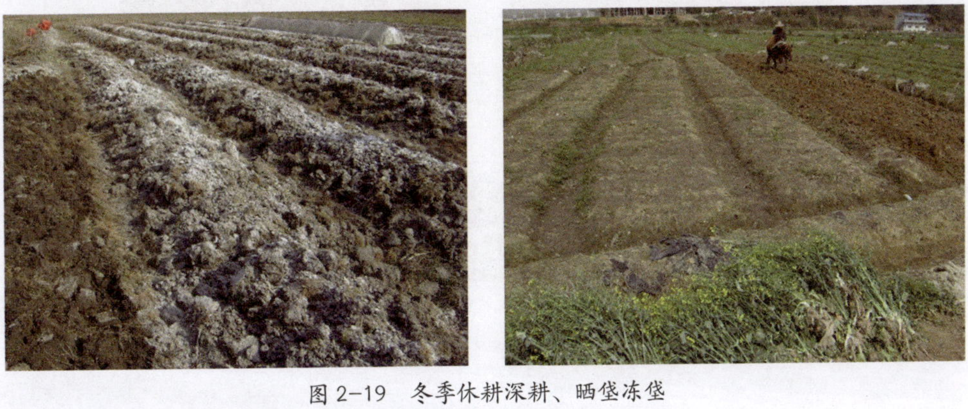

图 2-19　冬季休耕深耕、晒垡冻垡

三、高山主要叶菜类蔬菜栽培技术

应按不同的海拔高度，规划种植不同的蔬菜。本章主要介绍高山地区常规露地种植蔬菜的栽培技术，包括高山花菜、大白菜、结球甘蓝等叶菜类蔬菜。

（一）高山花菜栽培技术

1. 品种特性

花菜是十字花科芸薹属甘蓝种中演化而来，以花球为产品的一个变种，又称花椰菜、菜花、白花菜、椰菜，原产于欧洲地中海沿岸，19 世纪中叶传入中国。花菜叶披针形或长卵形，叶色浅蓝绿，有蜡粉，花球由肥嫩的主轴和约 60 个一级肉质花梗组成。正常花球呈半球形，表面呈颗粒状，质地致密。

图 3-1　田间花菜

花菜为半耐寒性蔬菜，喜温暖湿润的气候，不耐炎热干燥，也不耐长期霜冻。种子发芽适温 20 ~ 25℃，生长适温 15 ~ 25℃，超过 25℃幼苗易徒长；花球形成要求凉爽气候，从 5 ~ 25℃都可通过绿体春化阶段（通过春化阶段的温度因熟性而异，极早熟种在 23℃以下，早熟种在 18℃以下，中熟种 16℃以下，晚熟种在 12℃以下，通过春化阶段的日数，早熟种短，而晚熟种长），但适温为 10 ~ 20℃，最适宜温度为 14 ~ 18℃，早熟品种要求的温度较高，晚熟的品种要求较低。花菜风味鲜美，粗纤维少，营养价值高，有“穷人医生”的美誉。花菜能提高人体免疫功能，促进肝脏解毒，增强人的体质和抗病能力，含有的硒能够抑制癌细胞的生长。

2. 育苗栽培

（1）种子处理（可任选一种）

①将种子用纱布包好，在 55℃温水中浸泡 15 分钟后捞出，再在 30℃水中浸种 2 小时，捞出晾干拌种。

②用与种子重量相同的 75% 百菌清可湿性粉剂，或 50% 福美双可湿性粉剂拌种（防立枯病、猝倒病、茎腐病）。

（2）苗床准备

①苗床选择：选择地势高燥、通风凉爽、能灌能排、土壤肥沃的地块做苗床，每亩施腐熟过筛的农家粪肥 2500 千克或商品有机肥 2500 千克、复合肥 15 ~ 25 千克（种植习惯是按 1 包 10 克种子苗床地，施 50 千克农家肥或 40 千克商品有机肥 +1 千克复合肥），使土肥混匀，整畦带沟宽 1.3 米、长 8 ~ 10 米，在畦与畦之间挖宽 30 厘米、深 10 ~ 15 厘米的沟与排水沟相连，以利排水。

②营养土配制：选未种过十字花科蔬菜的沃野地（或塑料棚地）育苗。用 3 年未种过十字花科蔬菜的园土与腐熟优质有机肥（最好是厩肥）按 7 ∶ 3 混匀过筛，并浇上水用薄膜闷盖半个月备用。配用 50% 多菌灵可湿性粉剂与 50% 福美双可湿性粉剂 1 ∶ 1 混合，或用 70% 甲基托布津可湿性粉剂与 70% 代森锰锌 9 ∶ 1 混合，每平方米用药 8 ~ 10 克与 15 ~ 30 千克细土混合，播种时 2/3 铺入床底，1/3 盖在种子上。

图 3-2　营养土配制和火烧土配制

（3）播种及播后管理

①播种：目前多采用营养块育苗技术。在事先准备好的苗床底部铺上药土后，浇透水，抹平整，苗床上划深度约 5 厘米方格，用小竹竿扎深约 0.5 厘米眼穴，按穴播种，每穴 1 粒，播种后覆盖厚 0.8 厘米的过筛营养土，有条件可加盖一层稻草或湿纱布。

图 3-3　营养块工厂化育苗

②苗期管理：播种后及时搭上小拱棚或荫棚，冬春季采用双层小拱棚保温育苗，夏秋采用遮阳网加塑料薄膜做成小拱棚，四周离地面 20 ~ 30 厘米，以利通风降温，出苗后遮阳网要按时揭盖，至定植前几天完全不盖，进行炼苗。当幼苗出齐浇水后，在幼苗根际薄覆营养土 1 ~ 2 次，避免根部外露和倒伏，还可保墒，降低土温，调节小气候。苗期可视菜苗生长情况，追施 0.2% ~ 0.5% 磷酸二氢钾液面肥 1 ~ 2 次。注意出苗后应及时防治病虫害。

图 3-4　幼苗根际薄覆营养土

图 3-5　双层小拱棚保温育苗

图 3-6　中拱棚内三小拱棚保温育苗

③播种后保持温度在 20 ~ 25℃，种子顶土时撤去稻草或纱布，当苗长到 4 ~ 5 片叶时，加大通风量，定植前一周进行锻炼，以缩短定植后缓苗期。

④壮苗指标：5 ~ 6 片叶，苗高 10 厘米以上，节间短、叶片肥厚、开展度大、叶色浓绿、蜡粉多，根系洁白发达，无病虫害。

3. 定植

采用地膜覆盖高垄栽培。每亩施腐熟优质农家肥 2000 千克、过磷酸钙 80 千克、硼锌肥 1.5 千克。施肥后整畦带沟宽 130 厘米，垄高 30 厘米，作垄后立即覆地膜，保墒保温备植。

图 3-7 腐熟优质农家肥堆肥

高山露地周年可定植。定植行距 45 ~ 50 厘米（双行“品”字形定植），株距 50 ~ 55 厘米，定植时严格剔除病、弱、杂苗，杜绝裸根定植，每亩保苗 1800 株左右。

图 3-8 露地双行“品”字形打穴

图 3-9 地膜覆盖双行“品”字形定植

4. 定植后的管理

（1）幼苗期

缓苗后应及时中耕小培土 1 ~ 2 次（露地且未采用地膜覆盖栽培的）。发现幼苗生长过弱、土壤干燥时，根据天气情况进行浇水，并补施少量速效氮肥和中微量元素。

（2）莲座期

当叶簇长大封垄，进入莲座期后控水控肥、中耕培土、进行适度蹲苗。蹲苗期根据品种而定，一般早熟品种 8 ~ 10 天，中熟品种 10 ~ 15 天，晚熟品种

15 ~ 25天。蹲苗结束浇一次透水，每亩随水追施复合肥18 ~ 27千克，并及时中耕，中耕时注意保护叶片。

（3）结球期

花球3 ~ 5厘米并进入花球迅速膨大阶段，对肥水需求量增加。这时应注意浇水，保持土壤湿润，结合浇水每亩追施尿素10 ~ 15千克、硫酸钾10千克、硼锌镁肥2千克，并叶面喷施0.2%硼砂溶液1 ~ 2次，结球后至采收期前5天控制灌水、追肥。

图3-10　莲座期、结球期沟灌“跑马水”

（4）束叶遮阴

为保护花球避免阳光直射，可在花球8 ~ 10厘米大时，选择无病斑的老叶进行束叶遮阴，保证花球洁白。但束叶不可过早以免影响光合作用，导致花球产量和花球品质下降。

图3-11　传统遮花模式

图3-12　无病斑的老叶束叶遮花

5. 适时采收

花菜成熟后应及时采收。采收过晚，花球松散，降低商品价值。采收时还应适当留外叶保护花球，贮运应符合无公害蔬菜技术标准。

图 3-13　花菜收获现场与冷库保存

6. 病虫害防治

遵照“预防为主，综合防治”的植保要素目标，始终坚持“农业防治、生物防治、物理防治为主，化学防治为辅”的绿色食品防治原则。农药应用应符合 NY/T 393—2020《绿色食品　农药使用准则》规定。

（1）农业防治

优选抗病良种，推行 2 年以上非十字花科作物轮作；苗床开好“三沟”，优选地势高、排灌优越、富含有机质的无病沃野地育苗；育培壮苗，防止低温高湿或高温干旱孕育发生弱苗病苗；定植前洁净场地、深翻晒白，增施基肥，注重氮磷钾和中微量元素均衡施肥，采取深沟高畦垄作种植；实时断根田间杂草及清除老弱病叶残株，防治虫害，削减伤口，避免病菌入侵；在花球长到拳头大小时，适当节制浇水，追施草木灰、钾肥等。

（2）物理防治

种子消毒：播种前用 75% 百菌清可湿性粉剂 1000 倍液浸种 2 小时，捞起稍微晾干后点播。

粘虫板：在花菜地距花菜上方 15 厘米，每 20 米^{2}悬吊挂一片 25 厘米 ×30 厘米的粘虫板，可诱杀蚜虫。

图 3-14 花菜病虫害物理防治

（3）生物防治

田间用性诱剂和频振式杀虫灯诱杀菜青虫、小菜蛾成虫。

图 3-15 使用性诱剂、频振式杀虫灯

（4）化学防治

立枯病、猝倒病：苗期发病，立即用青枯立克水剂（黄芪多糖、绿源酸≥2.1%）喷洒，每亩用药150毫升，使用1次；或用72.2%霜霉威盐酸盐水剂喷洒，每亩用药80毫升，使用1次；间隔5天，轮换不超过喷2次。

图 3-16　立枯病、猝倒病幼苗症状

霜霉病：病发前或病发初期，可选用80%代森锰锌可湿性粉剂喷雾防治，每亩用药60克，使用1次；或用68%金雷多米尔可湿性粉剂喷雾防治，每亩用药24克，使用1次；间隔7天，轮换不超过喷2次。

图 3-17　霜霉病发病叶片症状

黑腐病：病发早期喷洒6%达克宁先锋（春雷霉素可湿性粉剂）防治，每亩用药30克，使用1次；或用3%中生菌素可湿性粉剂防治，每亩用药60克，使用1次；间隔7天，轮换不超过喷2次。

菜青虫、小菜蛾：用50%可立施（氟啶虫胺腈）水分散粒剂喷雾防治，每亩用药 12 ~ 18 克，使用 1 次；或用 14% 蛤蟆王（虫螨·茚虫威）悬浮剂喷雾防治，每亩用药 30 克，使用 1 次；或 8000 国际单位 / 微升苏云金杆菌悬浮剂喷雾防治，每亩用药 20 克。

图 3-18　菜青虫为害

图 3-19　小菜蛾为害（拇指前为菜蛾虫）

跳甲：用 12% 剑斩（甲维盐虫螨腈）悬浮剂喷洒防治，每亩用药 24 ~ 30 毫升，使用 1 次；或用 30% 鼎达（噻虫嗪）可湿性粉剂喷洒防治，每亩用药 30 克，使用 1 次。

（二）高山越夏大白菜栽培技术

1. 品种特性

大白菜是十字花科芸薹属二年生草本植物，高可达 60 厘米。全株无毛，基生叶多数，倒卵状长圆形至宽倒卵形，顶端圆钝，边缘皱缩，波状，叶柄白色，扁平。花鲜黄色，萼片长圆形或卵状披针形，直立，淡绿色至黄色；花瓣倒卵形，果梗开展或上升，种子球形，棕色，5 月开花，6 月结果。白菜原分布于华北，中国各地广泛栽培。白菜比较耐寒，喜好冷凉气候，不适于

图 3-20　大白菜

栽植在排水不良的黏土地上。

大白菜营养丰富，菜叶可供炒食、生食、盐腌、酱渍，具有一定的药用价值。

2. 品种选择

高温高湿季节，要选择耐热、耐湿、抗逆性强的早熟品种，如早杂5号、夏福2号、早熟五号、永荣热宝、夏秋45天、夏阳48天、夏白阳、夏结、夏优白等。

图 3-21　夏福 2 号示范片

图 3-22　夏优白二号示范片

图 3-23　永荣热宝示范片

3. 栽培要点

高山越夏大白菜栽培宜采用遮阳网、小拱棚营养块或营养袋育苗，沟蓄小水或沟灌“跑马水”等来防酷暑。

（1）园地选择

要求交通便利、水源充足且排灌方便、土壤肥沃。

图 3-24　园地土壤肥沃、排灌方便

（2）选择适时播期

越夏季节气温高，幼苗生长迅速，仅 15 ~ 20 天苗龄；播种育苗时，要根据越夏气候特点，采取适当的保护设施。春末夏初莳植，因春末早晚气温低，宜在小拱棚塑料农膜内播种育苗，露地定植；夏秋早熟栽培，因夏季气候炎热而多雨，要采用荫棚小拱棚营养块播种育苗，或直播后覆草、浇水降温保苗栽培，并要注意雨后排水。

（3）整地移栽

整地时最好每亩全撒施生石灰 75 ~ 100 千克，旋耕后整畦备种，这样有利于调节土壤酸碱度、增加土壤的钙质（防“干烧心”）及起到杀菌作用。

图 3-25　撒施生石灰后整畦备种

（4）合理密植

合理密植有利于提前包心，从而缩短生长期，起到早熟防抽薹、减少病害的效果。越夏季节，因气温高且多雨，生长期短，种植密度可适当加大，一般行距 30 ~ 45 厘米，株距 30 ~ 40 厘米，掌握在每亩栽 3000 ~ 3500 株。

图 3-26　大白菜田间栽培

4. 田间管理

（1）温度管理

大白菜一般在 2 ~ 15℃经 10 ~ 15 天完成春化过程，因此露地播种要求旬均温不低于15℃，定植后要尽量避开10℃以下的低温，以防抽薹开花；夏季高温期要注意遮阴降温育苗，直播要注意浇水降温保苗。

（2）施肥

高山越夏大白菜栽培生长期短，要以促为主，要求肥水及时而充足，促进幼苗迅速生长，从而有利于早结球，起到早熟抗病的效果。

在播种育苗时，苗床要施足腐熟的有机肥，每亩苗床施尿素与三元复合肥（1：1）的混合肥20千克。

定植苗返青后，及时追肥，每亩施尿素加复合肥（1：1）的混合肥20千克，随着生育期生长，可适当加施三元复合肥或施混合肥20千克，并在包心前一次性追施氮、磷、钾复合肥40千克，追施后要及时浇水。

越夏大白菜在栽培过程中生长速度较快，钙、锰、硼等中微量元素容易失调，极易造成大白菜“干烧心”，在进入莲座期后每5～7天喷施0.3%的硝酸钙、0.3%硫酸锰、0.3%宝力丰、0.3%硼锌肥等，叶肥单独交替施用。

（3）浇水

播种时要浇足底水，保持床土湿润，以利幼苗出土。分苗和定植时要及时浇水，特别是越夏季节高温期，定植后早晚要连浇1～2天的缓苗水，以后5～7天浇1次水，不宜大水漫灌，雨季要注意排水防涝，预防软腐病的发生。

5. 病虫害防治

越夏栽培期间，正处在病虫害高发季节，喷药次数十分频繁，从小苗开始就要提前做好药剂防治措施。全生产期推广“农业防治、物理防治、生物防治为主，化学防治为辅”的防控原则。

（1）病害

对主要的真菌性病害霜霉病、黑斑病，细菌性病害黑腐病、软腐病，要重点进行提早防治措施。一般每隔5～7天喷1次药，真菌性病害一般用75%百菌清、64%杀毒矾、68%金雷、58%瑞毒霉锰锌等进行防治。细菌性病害一般用3%中生菌素、噻菌铜（龙克菌）、噻枯唑（叶枯唑）、氢氧化铜、生石灰粉（发现病株及时拔除后撒粉消毒）等进行防治。

（2）虫害

虫害在高山越夏大白菜栽培过程中是一个严重的问题。白菜生长期间，正值害虫快速生长和繁殖期，菜农使用农药的次数较为频繁，有的地区3天就要喷1次杀虫剂，从而造成大白菜农药含量严重超标。因此，要选用低毒高效的药剂进行防治。防治蚜虫，一般用10%吡虫啉、抗蚜威、快杀敌乳油（顺式氯氰菊酯）、好年冬（丁硫克百威）等；对菜青虫、小菜蛾及一些鳞翅目害虫，选用溴氰菊酯乳油、氯氰菊酯乳油、5%氟啶脲乳油等。现在部分农民，从小苗到采收上市全部使用苏云金杆菌生物性粉状制剂或白僵菌、绿僵菌，5～7天喷施1次，防治菜青虫、小菜蛾效果相当突出。但需注意，这些药剂一般不能在阳光暴晒的情况下使用，应在早晚时间进行。

6．适时分期收获

高山越夏栽培大白菜结球期短，个体间生长有差异，成熟不一致，可分2～3次收获上市。

图3-27 大白菜的采收

（三）高山结球甘蓝栽培技术

1．品种特性

结球甘蓝是十字花科芸薹属二年生草本植物，为甘蓝的变种，又称包菜、洋白菜、卷心菜、圆白菜、包心菜、高丽菜、莲花白等。矮且粗壮，一年生茎肉质，不分枝，绿色或灰绿色。根系主要分布在30厘米以内土层中。茎短缩，又分内、外短缩茎，外短缩茎着生莲座叶，内短缩茎着生球叶。甘蓝的叶片包括子叶、基生叶、幼苗叶、莲座叶和球叶，叶片深绿至绿色，叶面光滑，叶肉肥厚，叶面有粉状蜡质，有减少水分蒸腾的作用，因而甘蓝比大白菜有较强的抗旱能力。基生叶多数，质厚，层层包裹成球状体，扁球形，直径 10 ~ 30 厘米或更大，乳白色或淡绿色。花为总状花序，异花授粉，甘蓝所有的变种和品种之间相互杂交。果实为长角果，种子圆球形，红褐或黑褐色，千粒重 4 克左右。

图 3-28　结球甘蓝田间种植

2. 品种选择

选择抗病性强、生育期短的中、早熟品种，既可以取得较高的产量，又不影响下茬越冬菜的播种期，如早秋、夏秋、夏结 7830、夏优、夏星、超级夏王、绿农、春秋王等结球甘蓝品种。

3. 栽培技术

结球甘蓝不宜连作，前茬应选择四季豆、番茄或其他葱蒜类蔬菜，最好是水旱轮作地。整地前应进行园地清理与消毒，疏松肥沃、排灌良好、有机质含量丰富的沙质土较适宜栽培。

（1）整地施肥

种植甘蓝的地块要结合施肥提前翻耕，每亩施有机肥 4000 千克，45% 硫酸钾型复合肥 50 千克，钾肥 20 千克。于 6 月上旬清洁田园、整畦，整成 1.1 米宽的畦、沟宽 0.3 米、沟深 0.3 米。有条件的可以进行简单的土壤消毒。

（2）种子消毒

购买已消毒好的带种子包衣剂的甘蓝种子。

（3）播种

要在 7 ~ 9 月的“秋淡”时节上市，播种时间应安排在 4 月底至 6 月。为防止软腐病等病害的发生，采用直播栽培技术。按行株距 35 ~ 40 厘米的种植密度进行直播，每穴播入 2 ~ 3 粒种子，播种 10 天后，菜苗长出 2 ~ 3 片真叶时定苗，每穴留最健壮的一株，其余全部拔去。缺株的部分穴，用间出的较壮的苗进行补栽，补栽时间选择阴天或晴天下午 5 时以后，带土坨移栽，定植的深度以根茎略高于畦面为准，同时用细土压紧菜苗四周，浇一遍定植水，促进成活。

（4）田间管理

水肥管理：夏季甘蓝要适当增加追肥次数，控制灌水，雨后注意排水，防止田间造成烂根和叶球腐烂。在开始结球前宜浇小水，次数宜少。在莲座期后期，为控制茎部徒长，促进叶球分化，进行一次小蹲苗。进入结球期后，为促进叶球迅速增大，灌水量要加大，次数要增多，并结合浇水增施追肥，一般每亩每次追施速效氮肥 15 ~ 20 千克；为了增施磷、钾肥，结球期可用 0.2% ~ 0.3% 的磷酸二氢钾喷雾，每隔 7 ~ 10 天 1 次，连喷 2 ~ 3 次。

中耕除草：中耕除草可以预防病虫害和减少养分流失。原则是大雨或灌水后及时中耕除草，以防土表板结或杂草滋生，同时需要进行培土。

4. 病虫害防治

夏甘蓝病害主要有黑斑病、软腐病，害虫主要有蚜虫、甜菜夜蛾、菜青虫等。

软腐病：注重选择前茬为非十字花科作物，施用充分腐熟的农家肥。夏季栽培采取高畦，培育壮苗。前期预防用 55% 敌磺钠粉剂加水 1000 倍灌根，发病时，用春雷霉素、王铜、氯溴异氰尿酸、乙蒜素等喷洒或灌根。

黑斑病：选用抗病品种，合理轮作，清理田园，防治虫害，减少伤口，科学灌溉。播种前用 50℃温水浸种 25 分钟。发病前和发病初，喷洒 70% 品润代森联悬浮剂 500 ~ 600 倍液，或 80% 大生 M-45（代森锰锌）可湿性粉剂 600 ~ 800 倍液，或 50% 扑海因悬浮剂 1000 倍液，或 25% 阿米西达悬浮剂 1000 ~ 1500 倍液，68.75% 易保水分散粒剂 600 ~ 800 倍液，或 75% 百菌清可湿性粉剂 600 倍液，或 50% 腐霉利可湿性粉剂 1000 倍液等，合理交替防治 2 ~ 3 次。

蚜虫：及时清除杂草，产品收获后及时清除残株枯叶，消灭蚜虫。根据蚜虫对黄色的正趋性和对银灰色的负趋性，利用黄板诱蚜或用银灰膜避蚜。药剂防治可用 3% 啶虫脒或 50% 灭蚜松乳油 1000 倍液喷雾，或用 50% 抗蚜威可湿性粉剂 2000 ~ 3000 倍液喷雾，一般 7 天 1 次，连喷 2 ~ 3 次。

菜青虫：清洁田间残枝落叶，耕翻土壤，避免与同科蔬菜连作或间套作。药剂防治可喷苏云金杆菌 500 ~ 1000 倍液，或用 5% 氟啶脲乳油 2000 倍液、10% 除尽（溴虫腈）悬浮剂 2000 倍液、20% 杀灭菊酯乳油 2000 ~ 3000 倍液喷雾防治。

5. 采收

当叶球基本包实、外层球叶发亮时，即可采收，以免发生叶球破裂，被雨水侵袭而引起腐烂，影响产量和品质。

图 3-29　结球甘蓝适时采收

（四）其他高山叶菜栽培技术

1. 青梗菜安全高效生产技术

（1）品种选择

选择抗病、抗逆性强，适应性好，品质优，商品性佳的杂交青梗菜品种。

（2）播种

大棚准备：播种前去掉大棚裙边薄膜，大棚顶部薄膜用卡簧卡紧继续使用。选用 20 ~ 22 目浅银灰色防虫网，覆盖于整个大棚上，四周用泥土把网压平，一头留门（纱门），便于进出管理。

施肥筑畦：结合深耕施足基肥，每亩施复合肥 50 千克、腐熟农家肥 1500 ~ 2000 千克作基肥。每标准棚（30 米 ×6 米）筑 2 畦，畦面平整，畦四周高中间低，畦高 20 厘米。

播种：在畦内灌满水，1 小时后水渗入土中后准备播种。每茬每亩准备种子 300 ~ 400 克和细土 3 ~ 4 千克，将种子和细土拌匀后撒播。用遮阳网浮面覆盖，待青梗菜出齐苗后，揭开平铺在畦上的遮阳网。

（3）田间管理

青梗菜生育期短（20 ~ 25 天），在施足基肥基础上，追肥一般以勤施、轻施为佳，视青梗菜长势用尿素或人粪尿作追肥，前淡后浓，每隔 6 ~ 9 天施 1 次。因为灌足底水，生产过程中只需后期早晚浇 1 ~ 2 次水，就能充分满足青梗菜生长对水分的需求。

（4）病虫害防治

青梗菜大棚避雨栽培，基本隔绝了外来虫源的侵入，少量蚜虫、菜青虫、菜螟、小菜蛾等，可采用无公害生物农药在前期防治 1 次即可。

（5）采收

夏播一般于定植后 20 ~ 25 天采收，也可采取一种二卖或一种三卖方式采收上市，即播种后先收 1 次鸡毛菜，追肥 1 次后隔 10 ~ 15 天再收 1 次小青菜，隔 15 ~ 20 天收原地大青菜。

2. 韭菜安全高效生产技术

（1）品种选择

选择抗病虫、抗热、分蘖力强、休眠期短且品质优良的品种。

（2）育苗

①种子处理。播前晒种 2 ~ 3 天，晒后用 40℃温水浸种 24 小时，捞出洗净沥干，用湿布包好放入 20 ~ 25℃环境中催芽，每天用清水冲洗 1 ~ 2 次，2 ~ 3 天后，待 60% 以上的种子露白即可播种。

②苗床选择及整理。

苗床选择：应选土层深厚、土壤肥沃、保水保肥能力强、排灌方便、2 年未种过葱蒜类蔬菜的沙壤土作苗床。

整地：播前土壤深耕 25 ~ 30 厘米，结合施肥，耕后细耙，整成宽 1.6 ~ 2.0 米、长 8 ~ 10 米、高 15 ~ 20 厘米的平畦。

施肥：肥料使用应符合 NY/ T 394—2020《绿色食品 肥料使用准则》的规定。结合整地，每亩施无害化处理的优质腐熟有机肥 5000 ~ 6000 千克；尿素 6 千克、过磷酸钙 10 千克或使用按此比例折算的复混肥料。

③播种。从土壤解冻到秋分可随时播种，拱棚栽培一般多采取春播和秋播。春播地温稳定在 10 ~ 12℃时播种，秋播尽量早播。每亩苗床播种量 4 ~ 6 千克。

播种前，先将畦面土起出一部分（过筛，以备播种覆土用），然后浅锄搂平，先浇一次透水，3 ~ 4 厘米深，待水渗下后再浇 3 ~ 4 厘米深的水。待水渗下后将种子均匀撒下，然后覆土 1 ~ 2 厘米，次日用齿耙搂平，保持表土既疏松又湿润，以利于种子发芽出土。播后用地膜覆盖保墒，待有 30% 以上的种子出苗后，及时揭去地膜，发现露白倒伏的，再补少量湿润的土。

④苗床管理。出苗后保持土壤湿润，当苗高 4 ~ 6 厘米时及时浇水，以后每隔 5 ~ 6 天浇水 1 次。当苗高 10 厘米时，每亩随水冲施沼液 400 千克。苗高 15 ~ 20 厘米时，再冲施沼液 400 千克，即应蹲苗。出齐苗后及时拔草 2 ~ 3 次。

（3）定植

定植时间：春播苗应在夏至后定植，秋播苗应在立秋后定植。

整地施肥：每亩施沼渣 4000 ~ 5000 千克，草木灰 200 千克，深耕 25 ~ 30 厘米，耙细、整成宽 1.6 ~ 2.0 米、长 20 ~ 25 米的平畦。移植前 10 天浇透水，稍干后修整畦垄，耙平畦面待用。

定植密度：适宜的行距为 20 ~ 25 厘米，穴距 5 ~ 6 厘米，每穴韭苗 8 ~ 10 株。

定植方法：韭苗要随起随栽，幼苗起出后，须根前端剪去，仅留 2 ~ 3 厘米。先将干老叶片去净，再将叶子先端剪去一段。鳞茎要齐，株间要紧凑。鳞茎顶部埋入土中 2 ~ 3 厘米。韭穴四周用土压实，栽后立即浇水。

定植后管理：定植 3 天后开始查苗补苗，保证苗齐。定植后 7 ~ 10 天，结合浇水每亩冲施沼液 300 ~ 400 千克，浇水后及时划锄，此后进入生产期管理。

（4）田间管理

温度管理：棚室密闭后，保持白天 20 ~ 24℃，夜间 12 ~ 14℃。株高长到 10 厘米以上时，白天保持 16 ~ 20℃，棚内温度超过 24℃要放风降湿。冬季栽培应加强保温，夜间保持在 6℃以上。

湿度管理：温室空气相对湿度控制在 60% ~ 70%，土壤绝对含水量控制在 13% ~ 15%。

光照管理：在韭菜生长期间，每天早晨太阳照到棚顶时，应及时揭开草帘，扫净棚面灰尘，下午阳光离开棚面时，再将草帘盖严。阴雪天气也应照常揭帘采光。

肥水管理：定植后，当新叶出现时，即可追肥浇水，每亩随水追施尿素 10 ~ 15 千克。幼苗四叶期要控水防徒长，并加强中耕、除草。当幼苗长到六叶期开始分蘖时，出现跳根现象（分蘖的根状茎在原根状茎的上部），这时可以进行盖沙、压土或扶垄培土。当苗高 20 厘米时，停止追肥浇水。

棚室后期管理：三刀收后，当韭菜长到 10 厘米时，逐步加大放风量，撤掉棚膜。结合浇水每亩冲施沼液 400 千克，并顺韭菜沟培土 2 ~ 3 厘米高。苗壮的收 1 ~ 2 刀，苗弱的不再收割。

（5）病虫草害防治

坚持农业防治为主，综合防治原则。推广绿色防控，优先采用农业防治、理化诱控、生态调控、生物防控。

常见病虫害主要有灰霉病、韭蛆等。

①农业防治：加强土肥水管理，提高韭菜的抗病能力。新栽地块，冬前深翻 20 ~ 40 厘米，施足腐熟的有机肥。新覆客土采用没有种过葱蒜类作物的深层土。及时清除田间及周围杂草。早春萌芽前及每次收割后都应立即沿行撒施草木灰，可有效防治韭蛆。韭菜收割后，注意应清洁田园，将剩下的病叶、残叶带出田外，

深埋处理。

②物理防治：大棚栽培，整体罩防虫网，防韭蛆等外部虫害。网内挂黄、蓝板粘杀飞虱、蓟马等害虫。利用成虫的趋光性，于羽化盛期，在田间设频振式杀虫灯，4 ~ 5 亩设置一盏灯。

③化学防治：选择对天敌杀伤力小的中低毒性化学农药，避开自然天敌对农药的敏感时期，具体防治方法见附表 A。

（6）采收

采收时期：棚室栽培，一般苗高 30 ~ 35 厘米采收，生长期在 20 ~ 25 天，也可根据市场需求适当早收或晚收。收获时间以晴天早晨为宜。春季叶片旺盛生长，是主要的收获期。夏季高温多雨，适当收割。秋季叶片再次旺盛生长，又出现一次收获盛期。

采收方法：用韭镰沿地表收割，刀口距地面不超过 2 厘米，去掉老黄叶鞘、损伤叶片及根部泥土后，对齐根部，捆扎出售。

3. 芥蓝安全高效生产技术

（1）品种选择

选用抗病、优质、丰产、抗逆性强、商品性好、耐热、株型紧凑，叶绿色蜡粉多，侧薹萌发力强，主薹高 20 ~ 30 厘米、粗 1.5 ~ 2 厘米的品种。

（2）播种育苗

①育苗技术：芥蓝和其他甘蓝类蔬菜一样，根系再生能力强，适合育苗移栽。在塑料大棚和日光温室进行穴盘育苗。

②穴盘育苗。

穴盘、基质准备：购买合格基质。穴盘选择 128 孔，使用前进行消毒，采用 2% 的漂白粉液浸泡 30 分钟，再用清水冲洗干净。

种子处理：选择合格种子，用清水浸种 2 ~ 3 小时，捞出甩干后用湿布包好，置于 25 ~ 30℃环境中催芽，80% 以上的种子发芽后进行播种。

③播种：在苗盘上下覆盖地膜。每 100 米^{2}苗床用种量为 150 ~ 200 克。

④苗床管理。

温度：采用变温管理，出苗前温度控制在 25 ~ 30℃，出苗后温度控制在 22℃左右，第一片真叶后温度控制在 25 ~ 30℃。

水分：刚出苗时适当控制水分防止徒长，采取见干见湿的原则，2 ~ 3 天以后逐步加大供水量，喷水应选在晴天上午进行，每次喷水要喷透苗床并达到均匀一致。

通风：出苗后及时通风，培育壮苗。

追肥：按 NY/ T 394—2020《绿色食品 肥料使用规则》规定执行。苗子长到 1 叶 1 心时，每亩用复合肥（N ：P_2O_5 ：K_2O=17 ：5 ：10）2 千克进行苗床喷施。

炼苗：定植前 3 ~ 4 天喷透水，逐步加大通风量进行炼苗，将苗床环境控制与大棚环境相似，以加强苗的适应能力，提高定植成活率。

（3）肥水管理

白花芥蓝根系分布浅，对肥水的要求严格。基肥一般亩施厩肥 1500 千克加过磷酸钙 20 千克、硫酸钾 30 千克；追肥用速效氮素化肥。

早、中熟品种冬性弱，生长期短、易抽薹，所以见有植株开始抽薹时就要加强肥水管理，增加施肥次数和浓度。晚熟品种冬性强，定植幼苗返青后要控制肥水，少施薄施，维持青绿色状，控制叶子生长，不宜过分庞大，以促进植株现蕾抽薹。当植株开始抽薹，应立即施重肥，以促进花薹生长。施肥的时间一般是：定植后 4 天用 1% 尿素水淋菜头，以后每隔 7 天用 2% 尿素水淋 1 次，一直淋至主薹抽出前 5 ~ 7 天。主薹采收后要重施肥，促进侧芽生长，每隔 7 ~ 10 天施用 5% 尿素水 1 次。

灌溉应以保持土壤湿润为度，在出现花蕾抽薹期间更不能缺水。10 月前每天早、晚各 1 次，在高温期还要轻淋 1 次午前水，以降低田间温度；10 月以后每天浇 1 次水即可。

（4）病虫害防治

按照“预防为主，综合防治”的植保方针，坚持“农业、物理、生物防治为主，化学防治为辅”的防治原则。

①农业防治：采取选用无病种子及抗病虫品种、培育无病虫害壮苗、起垄栽培、合理轮作、科学水肥管理等一套农业措施，提高蔬菜抗逆性，注意灌水、排水，防止土壤干旱和积水；清洁田园，加强除草，减轻病虫危害。

②物理防治：悬挂黄色或蓝色诱虫板（长 40 厘米，宽 25 厘米），每亩悬挂 30 ~ 40 张。田间布置太阳能杀虫灯，每台杀虫灯控害半径为 120 米左右。采用银灰膜避蚜和防虫网阻隔害虫传播。

③化学防治：主要病虫害农药防治方案参见附表 A。

（5）采收

在菜薹长至叶片顶端高度，有 1 ~ 3 朵花蕊刚要开始开放时（俗称“齐口花”），就必须采收。这时品质最好，产量最高。若推迟采收，则品质急剧下降。采收时自茎基部留 3 ~ 4 片叶摘取。以后留下叶片的叶腋抽生的侧薹，自基部 1 ~ 2 片叶片摘取。一般亩产 1500 ~ 2000 千克。

4. 芹菜安全高效生产技术

（1）品种选择

芹菜主栽类型有中国芹菜和西芹两大类，生产者首先确定芹菜类型并选择品种。春夏茬口选择不易抽薹、较耐寒品种；早秋茬口选择抗热耐涝品种；秋冬种植，选择耐寒、高产和抽薹晚的品种。

（2）播种育苗

①播种量：芹菜大棚栽培，高温季节育苗应该适当加大播种量，中国芹菜夏秋季育苗每亩栽培田用种量 150 ~ 180 克，冬春季育苗每亩需要 100 ~ 120 克；西芹每亩栽培田需要 20 ~ 25 克。

②种子处理。

种子质量：种子质量应符合 GB/T 16715.5 中一级良种以上的标准。

种子处理：播前将种子晾晒 2 ~ 3 天，用 48℃温水浸种 30 分钟，进行种子消毒，浸种时不断搅拌，浸后立即投入冷水中降温 10 分钟，再用室温的清水浸种 14 ~ 18 小时，用清水冲洗并反复用手轻轻揉搓种子，搓开表皮，摊开晾种；待种子表面水分干湿适度时，用湿布包好进行催芽，催芽温度控制在 15 ~ 20℃，当 30% ~ 50% 的种子露白时即可播种。

③播前准备。

育苗设施：根据不同季节和条件选用大棚、阳畦、温床等育苗设施，夏秋季节育苗应配有防虫、遮阳设施。

苗床准备：育苗床要选择地势高、排灌通畅、防雨防涝、保肥保水性能好、土壤疏松肥沃、三年未种过伞形花科作物的地块。做成畦宽 1.0 ~ 1.2 米，沟宽 30 ~ 40 厘米，沟深 15 ~ 20 厘米的高畦。将选好的苗床提前 7 ~ 15 天翻耕炕晒，每亩施腐熟的过筛农家肥 1000 千克、三元复合肥 20 千克，所用肥料应符合 NY/T

394 的要求，耕翻、耙细、整平，苗床的面积为移栽面积的 1/10 左右。

④播种：播种时先浇透底水，待水渗下后，将经过浸种或催芽的种子与细土拌匀后撒播，然后覆土，覆土厚度 0.5 厘米左右。冬春育苗，床面加盖地膜；夏秋育苗，床面覆草保湿。

⑤育苗期管理。

温度：苗期温度控制在 20 ~ 25℃。冬春育苗，应在播种前 20 天扣膜闷棚，提高棚温和地温，播种后如棚温过低，要及时加盖小拱棚。后期随着气温的升高，逐渐加大通风。夏秋育苗，采用遮阳网覆盖，出苗前浮面覆盖，出苗后搭凉棚遮阴。遮阳网揭盖的原则是盖晴天不盖阴天，盖白天不盖晚上，盖大雨不盖小雨，至定植前一周，撤除遮阳网。

水肥管理：水的管理原则是小水勤浇，夏秋育苗早晚浇水，冬春育苗在晴天上午浇水。追肥只能追少量速效化肥，齐苗后喷施一次 0.1%的尿素，以后视生长情况追施速效性氮肥，促进幼苗生长。

除草、间苗：视草害情况，及时人工除草。当幼苗第一片真叶展开后，进行初次间苗，苗距 1 ~ 1.5 厘米，以后再进行 1 ~ 2 次间苗，苗距 2 ~ 3 厘米为宜，间苗后及时浇水。

（3）定植

①整地施肥：前茬作物收获后及时清除杂物，每亩施充分腐熟的农家肥 3000 ~ 4000 千克、三元复合肥 50 千克，铺施均匀，深翻 20 厘米，整细耙平，做成 1.5 ~ 2 米宽的畦。肥料应符合 NY/T 394 的要求。

②定植密度：当苗龄达到 40 ~ 50 天，真叶 4 ~ 5 片、株高 12 ~ 15 厘米时即可定植。移栽前 3 ~ 4 天停止浇水，带土取苗，单株定植。早秋季栽培，中国芹菜每亩定植 25000 ~ 35000 株为宜；秋冬和春夏栽培，每亩定植 35000 ~ 45000 株为宜。西芹一般每亩定植 10000 ~ 12000 株。

图 3-30　芹菜田间种植

③定植方法：在畦内按苗距 15 厘米左右挖穴，栽苗后覆土，

定植深度以埋住根颈为度，不可过深。高温季节定植宜在下午15时后进行，定植前浇大水，以利起苗。栽培深度应与苗床上的入土深度相同，露出心叶，栽后浇水。

（4）田间管理

①大棚春夏栽培：大、中棚定植初期，要密闭保温，一般不放风，棚内白天温度可达25℃左右，心叶发绿时温度再降至20℃左右。棚内温度超过25℃要放风，随外界温度升高加大放风量，先揭开两端放风，再从两侧开口放风。在定植初期适当浇水，加强中耕保墒，提高地温，缓苗后浇缓苗水，适时松土。植株高度33 ~ 35厘米时应加强肥水管理，追肥时要将塑料薄膜揭开大放风，待叶片上露水散去后，每亩施尿素5 ~ 7.5千克或复合肥10 ~ 15千克，追肥后浇水1次，以后每10天施肥1次，隔3 ~ 4天浇1次水，保持畦面湿润至收获。生长旺盛期，可每亩喷施1 ~ 2千克磷酸二氢钾，按0.2％浓度叶面喷施。

②大棚早秋栽培：定植后立即在大棚膜上覆盖遮阳网降温，遮阳网应晴天盖、阴天揭，晴天早上盖、傍晚揭，后期天气转凉可揭去棚膜和遮阳网作露地栽培。管理上以浇水、除草为主，并及时追肥，在定植后15天每亩追施尿素5 ~ 10千克，在植株进入旺盛生长期后每10 ~ 15天施肥1次，每次每亩施尿素5 ~ 7.5千克或复合肥10 ~ 15千克，可随水冲施，以后隔3 ~ 4天浇1次水，保持畦面湿润至收获。

③大棚秋冬栽培：缓苗期覆盖遮阳网，昼盖夜揭，后期天气转凉，可揭去棚膜作露地栽培；到10月下旬至11月上旬及时扣棚，扣膜初期要经常通风；进入12月要注意防寒保温，遇到冰雪天气可覆盖草帘，雪天要清扫棚上积雪，当外界气温白天在18 ~ 20℃时，选无风晴天揭开塑料薄膜进行通风，保持白天温度22 ~ 25℃、夜间温度10 ~ 15℃。越冬栽培前期管理同早秋栽培，入冬前一般在当地夜间上冻、白天化冻的时期浇一次冻水，一次要浇透浇足，追肥节点和追肥量同早秋栽培；当平均气温回升到5℃以上时，要去掉黄叶，浇返青水，及时中耕培土。

（5）病虫害防治

按照“预防为主，综合防治”的植保方针，坚持“农业防治、物理防治、生物防治为主，化学防治为辅”的原则。

病害主要有软腐病、斑枯病、褐斑病、早疫病和病毒病等。虫害主要有蚜虫、斜纹夜蛾等。

①农业防治：选用抗病、抗逆性、适应性强的优良品种；及时摘除病叶、病果，拔除病株，带出地块进行无害化处理，降低病虫基数；实行严格的轮作制度，在同一地块至少与伞形科作物隔 3 年再进行栽培，有条件的地区实行水旱轮作或夏季灌水闷棚。

②物理防治：每棚安装一盏杀虫灯，诱杀甜菜夜蛾、小菜蛾、斜纹夜蛾、菜青虫等；采用无滴消雾膜，起垄盖地膜；放风口用 40 目防虫网封闭，夏季育苗和栽培应采用 75% 遮阳网和 40 目防虫网进行遮阴、防虫栽培；在棚内悬挂黄色粘虫板诱杀粉虱、蚜虫、斑潜蝇等害虫，30 厘米 ×20 厘米的黄板每亩放 30 ~ 40 块，悬挂高度与植株顶部持平或高出 5 ~ 10 厘米，并在棚室入口处张挂银灰色反光膜避蚜；在夏季覆盖薄膜，利用太阳能进行高温闷棚，杀灭棚内及土壤表层的病、虫、菌、卵等。

③生物防治：提倡利用自然天敌如瓢虫、草蛉、蚜小蜂等对蚜虫进行自然控制，使用植物源农药、生物农药等防治病虫。

④化学防治：农药使用应符合 NY/ T 393—2020《绿色食品 农药使用准则》的规定，具体参照附表 A。

图 3-31　芹菜采收管理

（6）采收

根据市场需求和芹菜商品成熟度分批及时采收。产品应符合 NY/ T 743—2020《绿色食品 绿叶类蔬菜》规定。

5. 蕹菜（空心菜）安全高效生产技术

（1）品种选择

推荐使用本地“三叉”空心菜、台湾竹叶空心菜。

（2）开沟做畦

清洁田园，每亩施用农家肥料 1500 ~ 2000 千克、三元复合肥 25 千克，机械深耕 20 厘米。播前一周整地，畦宽 1.8 米，沟宽 20 厘米。

（3）播种方式与播种量

空心菜以撒播为主，每亩用种量为本地“三叉”空心菜 10 千克左右，台湾竹叶空心菜 15 千克左右。

（4）大棚内的管理

苗期管理：种子均匀撒播，播完后用腐熟的秕谷和鸭粪混合有机肥或细土盖种，覆盖厚 0.5 厘米左右，然后再喷洒 800 倍的 60% 丁草胺防除杂草。秋冬季种植需密闭大棚，以提高地温和气温，一般 5 ~ 7 天出芽。

温湿度管理：播种后沿畦走向铺设微喷带，喷淋透底水。空心菜需水量较大，整个生长期间要保持土壤湿润状态。保温防寒是秋冬季空心菜大棚栽培的关键，持续的低温阴雨天气时间长，对喜温的空心菜生长极为不利。播种后，应及时密封好大棚；出芽后，在阳光充足、温度 35 ℃以上、湿度高于 85% 时，应及时揭开大棚两端或四周的薄膜进行通风降温降湿，以确保棚内白天温度在 25℃以上，夜温高于 10℃，湿度保持在 80% 左右。

水肥管理：一般追肥 2 次，第一次追肥在苗期 3 ~ 4 片真叶时，每亩施用复合肥 15 千克 + 尿素 2 ~ 4 千克，混合施用；株高 15 厘米左右进行第二次追肥，每亩施用复合肥 20 千克 + 尿素 2 ~ 4 千克。生长期间要及时中耕除草，封垄后可不必除草中耕。

（5）病虫害防治

按照“预防为主，综合防治”的植保方针，坚持“农业、物理、生物防治为主，化学防治为辅”的防治原则。

①农业防治：应制定与其他科属作物的三年轮作计划，避免重茬、迎茬；选用抗病虫害强的品种；采用深沟高畦栽培，采收后清洁田园并及时清除残株败叶，减少虫源；生长过程中发现病虫叶、病虫核心株应及时摘除并专池、深埋处理。

②物理防治：设置杀虫灯诱杀害虫；通过在田间设置诱捕器，将人工合成的昆虫信息素诱芯放置其中，物理诱杀成虫；通过悬挂黄板和蓝板来灭杀害虫；通过铺设银灰色膜驱赶害虫。

③化学防治：主要病虫害农药防治方案参见附表 A。

（6）采收

本地“三叉”空心菜一般在株高 35 厘米左右时一次性收获上市，春季播种到采收需 40 ~ 45 天。台湾竹叶空心菜一般可以多次采收，当株高 30 厘米以上时，基部留 2 ~ 3 节，进行第一次采摘，以后采摘 2 ~ 3 侧枝，可以连续采摘 3 ~ 4 次，第三次采收应适当重采。每采收 1 次需每亩追施复合肥 10 千克。

6. 散叶白菜安全高效生产技术

（1）品种选择

春季种植必须选择较耐抽薹的品种，夏秋季种植选择生育期较短的品种。

（2）穴盘育苗

播种方式与播种量：春季散叶白菜可采用穴盘育苗移栽技术进行生产，以缩短种植时间，提高土地利用率。移栽定植每亩用种量 100 克。

基质准备：育苗穴盘采用 128 孔塑料穴盘，育苗基质采用草炭土、珍珠岩、蛭石（体积比 7 ：2 ：1）均匀混合，基质 pH 值以 5.5 ~ 6.0 为佳。播前 1 天，将基质浇足水分混均匀，盖上薄膜。

播种：第二天将充分吸收水分的基质放入穴盘中，深度占育苗盘每孔 2/3，在每孔放入 2 ~ 3 粒种子，用基质覆盖，浇水至湿透，覆盖上薄膜保温。

苗期管理：播种后 3 ~ 5 天出苗，支起小拱棚保温，苗期保温 13℃以上，保持苗床湿润。晴天 9：00 ~ 15：30 覆盖遮阳网。真叶露出后进行炼苗处理，逐渐减少遮阳网覆盖时长。2 叶 1 心后，喷施浓度 0.2% 尿素，注意防治猝倒病。

（3）定植

大田准备：在清洁田园的基础上，每亩施用农家肥 2000 千克、三元复合肥 10 ~ 15 千克，随机械翻耕深耕 20 厘米。

开沟做畦：平整土地，畦宽 1.4 ~ 1.6 米，沟宽 30 厘米，四周开围沟，确保排水通畅。

起苗定植：真叶生长至 3 ~ 4 叶，选择晴天下午定植。定植前 4 小时，育苗盘浇足水。定植行株距 15 厘米 ×15 厘米或 20 厘米 ×20 厘米，定植后浇足定根水。根据天气情况，连续 2 天再浇定根水。

（4）大田管理

散叶白菜生长期较短，生长期不再追施其他肥料。主要是保证水分的稳定供应，通常在晴天早晚各喷水 1 次，待畦面充分湿润后停止喷水。水源尽量保持干净，脏水喷洒在叶片伤口上也容易导致病害的发生。雨后注意及时排水，防止水涝灾害的发生。

（5）病虫害防治

按照“预防为主，综合防治”的植保方针，坚持“农业、物理、生物防治为主，化学防治为辅”的防治原则。具体方法同空心菜。

（6）适时采收

散叶白菜植株半结球时即可采收上市，春季一般从定植至采收 30 天左右。由于散叶白菜从苗期开始到结球期均可食用，因此应根据市场行情决定采收时间，行情好可以提前采收或适当延期采收。

7. 菜薹安全高效生产技术

（1）品种选择

推荐选用耐低温、耐抽薹的品种，如 70 天广东菜心或范记牌粗条 80 天菜心。

（2）播前准备

在清洁田园的基础上，每亩施用农家肥料 1500 千克，三元复合肥 10 千克，机械深耕 20 厘米。

（3）开沟做畦

播前一周左右开沟，畦宽 1.6 ~ 1.8 米，沟宽 20 厘米，四周开围沟，确保排水通畅。

（4）播种方式与播种量

菜薹以散播为主，每亩一般播种 400 克左右。

（5）田间管理

苗期管理：播种前畦浇足底水，待水渗下后撒一层底土后撒播种子，覆盖彻底腐熟好的鸭粪有机肥 0.5 厘米。盖种后喷灌，要将畦面喷透，然后再喷洒 800 倍的 60% 丁草胺防除杂草。幼苗真叶展开后，及时间苗和疏苗，3 ~ 4 叶第二次间苗和定苗，苗距 15 厘米左右。

水肥管理：一般追肥 2 次，第一次追肥在间苗后，每亩撒施复合肥 15 千克 + 尿素 10 千克；第二次追肥在第一次追肥后 10 天左右，每亩撒施复合肥 20 千克 + 尿素 10 千克。施肥后应立即喷透水，追肥应注意避开中午高温时段。菜薹需水量大，土壤需保持湿润状态，在叶簇生长初期到出蕾阶段必须适当控水，在菜薹长成期及采收期可适当增加供水量，维持土壤湿润状态。晴天高温时采取早晚畦面喷水进行灌溉。阴雨季节注意开沟排水。

（6）病虫害防治

按照“预防为主，综合防治”的植保方针，坚持“农业、物理、生物防治为主，化学防治为辅”的防治原则。具体方法同空心菜。

（7）适时采收

当菜薹主薹生长至“齐口花”时即可收获，播种至采收一般 30 ~ 35 天。只要市场价格高，可适当提早或延后采收。

8. 散叶生菜安全高效生产技术

（1）品种选择

推荐选用具有抗霜霉病、耐抽薹、适应性广、产量高的意大利半结球生菜。

（2）育苗

播种方式与播种量：春季生菜生产以育苗为宜。移栽定植每亩用种量 100 克左右。

苗床准备：选择土壤疏松肥沃、排灌方便、杂草基数少的田块作为苗床，每亩施用商品有机肥 500 千克，机械深耕 20 厘米，平整土地。

苗床消毒：每立方米床土用 50% 多菌灵可湿性粉剂与 50% 福美双可湿性粉剂按 1 ∶ 1 混合 8 ~ 10 克，或绿亨一号（噁霉灵）1 克与 15 ~ 30 千克干细土混匀制成药土撒在畦面上。

播种：苗床浇透水，水下渗后，均匀播种，每平方米苗床播种量为 2 ~ 3 克，盖细土 0.5 厘米，喷壶浇水，苗床泥湿深度 10 厘米左右，并覆盖地膜。

苗期管理：播种后 3 ~ 5 天出苗，及时揭去地膜，保持苗床湿润。3 叶后，喷施浓度为 0.2% 的尿素。

（3）定植

大田准备：在清洁田园的基础上，每亩施用农家肥 2000 ~ 3000 千克、三元复合肥 10 千克，随机械翻耕深耕 20 厘米。

开沟做畦：平整土地，畦宽 1.6 米，沟宽 20 厘米，四周开围沟，确保排水通畅。

起苗定植：真叶生长至 4 叶，选择晴天下午定植。苗床浇透水后，带土起苗。定植行株距 20 厘米×20 厘米，定植深度以不埋没叶片为宜。定植后浇足定根水。根据天气情况，连续 2 天再浇定根水。

（4）大田管理

散叶生菜定植成活后，根据天气和土壤湿度情况适当浇水，保持土壤湿润，采收前 5 天停止浇水。整个生长期内应避免大水漫灌和畦面积水，阴雨天应及时排涝。幼苗定植成活后，按照土壤肥力及散叶生菜的生长状况合理追肥，每次每亩施 10 千克三元复合肥，每隔 10 天施 1 次。距采收 7 天前最后一次追肥。

（5）病虫害防治

按照“预防为主，综合防治”的植保方针，坚持“农业、物理、生物防治为主，化学防治为辅”的防治原则。具体方法同空心菜。

（6）适时采收

散叶生菜充分长大即可采收，一般在定植后 25 ~ 40 天，也可适当提早或延后采收。

9. 芥菜安全高效生产技术

（1）品种选择

推荐选择比较抗霜霉病和软腐病、产量较高的品种。海拔 800 米以上山区，可选用比较耐热品种提早播，夏种秋收。平原地区亦可以选冬性强、不易抽薹品种，2 ~ 4 月分批播种，以收获幼小株供食用，生长期 35 ~ 45 天。

（2）播种育苗

芥菜种子小，苗床土壤要精细平整，早秋天热要适当多播些种子，晚秋天凉可适当少播。对易罹病毒病的芥菜品种如包心芥菜，要用防虫网覆盖育苗。幼苗有 5 ~ 6 片真叶时，可定植大田。苗龄随播种期而异，春季和早秋播种 20 ~ 25 天，晚秋 25 ~ 35 天。

（3）整地定植

芥菜对土壤要求不严，可用菜园或晚稻田后作种植。对易罹病包心芥菜最好用肥沃的晚稻田。一般整成带沟畦宽 1.3 米的高畦，亩施腐熟厩肥 1500 ~ 2000 千克加氮磷钾复合肥 5 千克为基肥。

定植距离因品种和季节不同。一般株行距（26 ~ 40）厘米 ×（33 ~ 50）厘米，亩栽 4000 ~ 5000 棵。定植忌用深穴种植，宜不开穴浅植。

（4）田间管理

追肥以氮肥为主，从定植成活后开始。每隔 7 ~ 10 天浇施 2％尿素 1 次，肥料浓度和用量逐渐加大直至采收前。浇水与追肥相互间隔进行，保持土壤呈湿润状态。加工腌制用芥菜在采收前半个月应停止追肥、灌水。

在较寒冷的山区，晚秋播种的芥菜，过冬前要少追肥，以免组织过柔嫩过冬时受冻害。开春后如果氮肥不足，土壤干燥，植株衰弱，易提早抽薹，所以过冬春暖后要及时供应肥水。

（5）病虫害防治

按照“预防为主，综合防治”的植保方针，坚持“农业、物理、生物防治为主，化学防治为辅”的防治原则。具体方法同空心菜。

（6）采收

叶用芥菜除包心芥菜要待叶球包心紧实后采收外，其余品种采收没有标准，可大可小，因市场需求而异。

10. 菠菜安全高效生产技术

（1）品种选择

推荐选择优质、丰产、抗软腐病和霜霉病的品种。

（2）整地施肥

选择两年内未种植藜科作物，土壤肥沃、排灌方便、保水保肥力强的田块。在前茬清理完毕的基础上，每亩施蔬菜专用肥 50 千克作基肥，翻耕整地，做成宽 2 米（连沟）的畦。

（3）播种

在畦面上按行距 8 ~ 10 厘米的标准，开深度为 2 ~ 3 厘米的播种沟，沟内浇足水（泥湿深度为10厘米），按照株距1.2厘米的标准进行播种（用种量为每亩4～5千克），播种后立即覆盖1厘米厚度的盖籽泥；也可采用撒播，播前畦面先浇水，播后覆盖1厘米厚的盖籽泥。然后将遮阳网平铺在畦面上，并保持土壤湿润，待出苗60%～70%时，揭去遮阳网。

（4）田间管理

水分管理：保持土壤湿润，水分不足时可采用沟灌补充水分（沿着操作沟灌水，水面低于畦面2厘米），确保出苗。菠菜生长期间，视作物生长情况进行水分管理，水分不足时补水，雨时不积水，收获前3～5天浇足水，以保证产品质量。

施肥：当植株生长至2～3叶期进行间苗，然后喷施叶面肥（或0.5%～1%尿素溶液），以后依据长势每亩酌情追施尿素3～7千克。间隔15天左右再追施尿素，用量为每亩10～20千克。

中耕除草：在播种行间浅中耕（兼除草）1次，以后依据杂草生长情况进行中耕除草1～2次。

（5）病虫害防治

按照“预防为主，综合防治”的植保方针，坚持“农业、物理、生物防治为主，化学防治为辅”的防治原则。具体方法同空心菜。

（6）采收

秋季菠菜播种后40天左右即可开始采收，可分次采收。9月中旬播种，采收期一般在10月下旬至11月下旬。

11. 苋菜安全高效生产技术

（1）品种选择

选用优质、高产、抗病、商品性好的品种。

（2）大田选择

选择两年内未种植苋科作物，土壤肥沃、排灌方便、杂草少的田块。

（3）开沟做畦

播种前5～7天，在前茬清理完毕的基础上，每亩投入农家肥料2500～3000千克或商品有机肥800千克，然后翻耕，深度为20～25厘米。播种前2～3天开沟，畦宽1.2米，沟宽30厘米、深25厘米，每15米开一条腰沟，四周开围沟，沟深30厘米、宽30厘米，确保沟渠通畅。

（4）整地播种

由于苋菜种子小，播种前要精细整地，要求畦面土粒细碎、平坦。每亩用种量0.75 ~ 1千克。播种时为了均匀撒播，可将种子与细砂混合后播种。播后覆盖细土、腐殖土或谷壳灰。早春气温低，为了提早出苗，播种浇水覆盖种后，再贴地覆盖塑料薄膜防寒，出苗后及时揭掉塑料薄膜。

（5）田间管理

早春播种10天出苗，夏秋播只需3 ~ 5天即可出苗，出苗后及时除草，每隔7 ~ 10天追肥1次，以氮肥为主，每次每亩施尿素5 ~ 7.5千克，共施3 ~ 4次。苋菜夏秋栽培应保持充足的肥水，否则易急速开花结实，影响品质和产量。

（6）病虫害防治

按照“预防为主，综合防治”的植保方针，坚持“农业、物理、生物防治为主，化学防治为辅”的防治原则。具体方法同空心菜。

（7）采收

苗高15厘米时可采收，采收时割取嫩头，播种密度大的田块可间拔采收。春播苋菜可割2 ~ 3次。7 ~ 8月间播种的，当植株长至一定大小时，一次采收。

12. 高山香菜安全高效生产技术

香菜又名芫荽，我国南北各地皆有种植。其叶具有特殊香味，为主要食用部位，种子也是调味佳品。它喜冷凉，历来在冬春季节栽培。近年来，随着种植业结构的调整，香菜作为高山夏秋生态栽培品种，由于市场价格高，种植效益较好，种植面积逐年扩大，特别是在海拔800米以上的高山地区可以大面积发展。

（1）良种选择

香菜的品种，可分为小叶型和大叶型两种，大叶型香菜香味稍淡，但生长快，产量高。小叶型香菜香味浓，但生长缓慢，产量较低。现多种植大叶型香菜。高山夏秋栽培香菜，宜选用耐热性好、耐病、抗逆性强的泰国四季大叶型香菜或当地传统的香菜。

（2）种子处理

香菜种果为圆球形，每颗种果内包2 ~ 4粒种子。在高温条件下发芽困难，播种前必须将果实搓开，以利出苗均匀。种子用50%多菌灵可湿性粉剂300倍液浸种1小时后捞出洗净，再用干净冷水浸种48小时左右，然后在20 ~ 25℃条件下催芽后再播种。

（3）整地施肥

选择排灌方便、土质疏松肥沃、富含有机质的沃野地，前茬作物收获后及时深翻20～25厘米，晒土15天。为便于使用遮阳网，做成畦高20厘米、宽120厘米，沟宽30厘米的深沟高畦。香菜生长期较短，结合整地，每亩施腐熟有机肥3000千克、复合肥50千克、钙镁磷肥50千克。将畦面表土整细耙平，确保播种后出苗整齐。

（4）适时播种

夏秋栽培香菜，一般在4月中旬至8月上旬均可播种，具体要以市场为导向，结合当地气候特点而定，既能收获高产量、高品质，又能获得较高的市场价格。一般采用撒播为好。若以速生小苗上市供应的，应高密度播种，每亩播种量为8～10千克。播后浇透水，覆盖1～2厘米厚的稻草保墒促苗。

（5）田间管理

出苗前保持畦土湿润。当80%香菜出苗时，掀去稻草。夏秋气温高，会影响香菜的生长，因此，揭去稻草后应及时搭架，盖上遮阳网。遮阳网应采取白天盖、晚上揭的方式，加强通风，防止苗长得细弱和引发病害。香菜因生长期短，宜早拔草、早间苗、早追速效性氮肥。一般应在齐苗后7天左右进行间苗，2片真叶时定苗，苗距3～4厘米。一般5～7天浇1次水，苗高3厘米时开始追第一次肥，每亩追施尿素8～10千克和硼肥250克。以后每隔1周浇肥水1次，用300倍海藻生态肥加0.3%尿素液进行叶面追肥。后期叶面施肥时添加适量的磷酸二氢钾。

（6）病虫害防治

香菜具有独特的辛香味，高山区虫害较少发生。病害主要有苗期猝倒病，成株期病毒病、斑枯病。防治猝倒病，可在出苗后5天用72%霜霉威盐酸盐水剂1000倍液喷雾；防治斑枯病，用30%吡唑醚菌酯悬浮剂2500倍液或30%苯甲·嘧菌酯悬浮剂800倍液喷雾防治；防治病毒病，每亩用70%吡虫啉水分散粒剂2.5克兑水50千克叶面喷雾防治传毒蚜虫，最好采用防虫网防止传毒的蚜虫飞入。此外要用遮阴等方式，避免高温干旱环境（有条件的可采用微喷灌或滴灌）。

四、高山主要茄果和根茎类蔬菜栽培技术

（一）高山辣椒栽培技术

1. 品种特性

辣椒为茄科辣椒属一年或有限多年生草本植物。果实通常呈圆锥形或长圆形，未成熟时呈绿色，成熟后变成鲜红色、绿色、黄色或紫色，以红色最为常见。辣椒的果实因果皮含有辣椒素而有辣味，能增进食欲。辣椒中维生素C的含量在蔬菜中居第一位。辣椒的形态特征如下。

根：主根粗，但根量少；茎基部不易发生不定根，根系受伤后再生能力较差，应采用基质穴盘育苗，以减轻移植时根系损伤，确保高成活率。根系主要根群分布在植株主茎周围40～50厘米，深度10～15厘米。

茎：辣椒茎坚韧直立，木质部较发达。有限生长型辣椒株高45～70厘米；无限生长型大多150～200厘米。茎尖端形成花蕾，花蕾下叶芽发育成分枝。

叶：卵状披针形或长圆形。真叶出现前子叶是辣椒唯一的同化器官，所以出苗后要精心管理，确保子叶不受病虫危害。叶片发育最适温度为日温22～28℃，夜温15～20℃。叶最忌霜，着霜即受冻伤，且不可逆。光照充足叶色光亮、叶肥厚，弱光则叶色淡、叶片薄； 土壤水分过多叶易发黄，甚至脱落，所以，浇水宜勤、薄，忌大水漫灌。氮素过多叶柄变长，顶叶叶面凹凸不平；氮素不足叶形变长而薄。钾肥过多叶变宽厚。

花：雌雄两性花，行自花授粉。天然杂交率通常5%～8%。通常花柱高于花药；营养不良时，短花柱花增多，易授粉不良，落花落蕾较严重。水分过多、氮素过多、光照不足时，植株徒长，花质量差，落花率高。栽培上加强水肥管理，培育健壮植株，是提高坐果率的一个关键点。

果实：辣椒果实为浆果，主茎第一个果称门椒，第一级分枝上的果称对椒（一

般 2 个），第二级分枝上的果称四母椒（一般 4 个），第三级分枝上的果称八面风（一般 8 个），再往上的果称满天星。门椒若保留会影响植株的生产，生产上一般要摘除；对椒、四母椒、八面风是构成大果型辣椒（单果重≥ 80 克）的产量主体，需加强养护和管理。

种子：辣椒成熟种子种胚较硬，用力按压不流汁（胚乳）不破裂，色呈淡黄，形扁平微凸。干种子千粒重 4.5 ~ 7.5 克，常温干燥贮藏种子年限 2 ~ 3 年，低温保鲜贮藏种子寿命可超过 5 年。当年种剩的种子密封包装好，放冰箱保鲜室，隔年可以再种，一般对发芽率没有太大影响。

图 4-1　高山辣椒栽培区一角

2. 播种期

高山区安排 3 月拱棚保温育苗，定植期 5 月中旬至 6 月初，7 月初开始采收，可连续采摘至霜降。

3. 整地

（1）苗床准备

播种床选择近年未种过茄科蔬菜的肥沃田块，每亩大田需苗床 15 米^2 左右。床土按 70% 园土、30% 腐熟粪肥混合堆制 1 个月后过筛使用，撒施生石灰，整地后平铺 5 ~ 6 厘米厚的营养土。

（2）大田准备

选地：选择土层深厚、肥沃、排水灌水条件好的水田或旱地种植，渗水田、冷浆田及土薄的砂石田不宜种植。

整地：定植前20天每亩撒施生石灰50～100千克，深翻30厘米，晒垡10天，施足基肥，亩施腐熟粪肥1500千克或三元复合肥50千克、钙镁磷肥50千克，耙平耙匀后做畦，做成畦面宽1.0米，高0.3米，畦沟宽0.3米，畦长因地制宜，开好围沟，备植。

图4-2 苗床和种植大田准备

4. 播种育苗

（1）盖膜问题

早春盖膜能增温，同时避免幼苗受暴雨淋打，需注意天气变化，防止高温烧苗。

（2）种子消毒

种子消毒处理是预防病害传播的有效途径，种子需经处理后再播种。

（3）播种管理

杀地下害虫：地下害虫危害是咬断辣椒苗，或地下活动造成秧苗缺水干枯死亡。防治方法是畦面喷甲氰菊酯、敌百虫或撒施米乐尔（氯唑磷）颗粒剂等杀虫。

苗床消毒：每平方米苗床用50%多菌灵或70%甲基托布津500倍液浇施1.5千克，然后浇透水，直到水分从畦中外溢。

播种防草：做到稀播匀播，播后种子上面盖0.5～1厘米潮细土，以不见种子为度，再覆盖稻草保湿。盖草是促进整齐出苗的关键。

（4）苗期管理

播种后7～10天出苗，秧苗出土后要及时揭去稻草，防止揭草带走秧苗。苗期防止高温烧苗和浓肥伤苗（可在苗床周围沟灌半沟水降温保湿），喷施70%甲基托布津800倍液防病，二叶期

图4-3 在苗床周围沟灌半沟水降温保湿

用10%一遍净(吡虫啉)2000倍液或20%好年冬1000倍液防治蚜虫(喷药时注意叶背面),田边杂草同时喷雾;移栽前喷一次75%百菌清800倍液+20%病毒A 500倍液,带土带肥带药移栽。

5. 定植

5月上旬开始，辣椒8 ~ 10叶时可定植于大田，畦带沟宽1.3 ~ 1.4米，每畦种双行,每穴单株,株距0.5米,亩植1500株左右,特别肥沃的园地亩植1300株。定植时间以晴朗的下午最好，定植后一定要浇定根水，利于辣椒成活。

图4-4　福农7号辣椒大田定植

图4-5　闽椒10号辣椒大田定植

6. 田间管理

（1）盖草

畦面盖草是必需的，既能保持土壤湿润，又能降低土温。有条件的可使用地膜，再在地膜上盖草。

（2）整枝

生长旺盛的植株，主干上的侧枝全部整除，门椒以上不再整枝。门椒（第一个辣椒）结果部位以下的侧枝适时摘除。

图4-6　门椒下侧枝修剪摘除

（3）追肥

辣椒苗成活后施苗肥，亩施尿素5千克；第二次追肥，行间沟施复合肥20千克，加施草木灰，以后采收2批次后追施尿素或复合肥15

千克，采收盛期喷施 0.2% 磷酸二氢钾 +0.5% 硼锌铁镁等微量元素液。

（4）排灌

雨后及时清沟排水，干旱要进行灌水，灌水时间在下午 5 时后到早上 8 时前，不能积水。

（5）防倒伏

7 月中旬前应每株斜插一根呈 45° 的小竹竿防倒，或者在椒畦周围覆盖地膜栽培。

图 4-7 辣椒的田间栽培防倒伏

7. 病虫害防治

遵循“预防为主，综合防治”的植保要素方针；全生产期防控 “农业防治、物理防治、生物防治为主，化学防治为辅” 。

（1）农业防治

优选抗病良种，实行轮作倒茬，不重茬种植或与茄科蔬菜连作套种；苗床开好 “三沟” ，优选地势高、排灌优越、富含有机质的无病沃野地育苗；育培壮苗，防止低温高湿或高温干旱孕育发生弱苗病苗；定植前洁净场地、深翻晒白，增施基肥，进行氮磷钾和中微量元素均衡施肥，采取深沟高畦垄作种植；实时断根田间杂草及老弱病叶残株，防治虫害，削减伤口，避免病菌入侵；盛果期适度修剪整枝，得当控制湿度，避免病原菌扩散。

（2）物理防治

种子消毒：播种前用 80% 大生 M-45 可湿性粉剂 1000 倍液浸种 2 小时，捞起稍微晾干后点播。

粘虫板：于辣椒园内安装悬吊式 25 厘米 ×30 厘米的粘虫板，每亩 30 ~ 35 片，诱杀蚜虫、粉虱。

（3）生物防治

优选天敌来防治虫害，其次用生物或生物的代谢产物防治病虫，最后选用性诱剂和频振式杀虫灯诱杀田间夜蛾成虫。

（4）化学防治

立枯病、猝倒病、根腐病：多因畦面积水引起，故应做好深沟高畦，开沟排水，并进行地膜覆盖；发病初期每亩可用40%根腐灵800倍液、68%雷多米尔（甲霜灵）600倍液、60%甲霜锰锌600倍液、70%敌磺钠500倍液，青枯立克水剂（黄芪多糖、绿源酸≥2.1%）150毫升，或每亩用72.2%普力克（霜霉威）水剂80毫升喷洒浇根，间隔5天轮换1次，确保全苗。

病毒病：主要由高温引起，干旱会加重病情。前期开始就要注意防治蚜虫，病毒病发病后难以治疗，一经发现及时清理病株，减少病原；在发病初期对全园进行预防，可用20%病毒A 400 ~ 600倍液、5%菌毒清300 ~ 500倍液、8%宁南霉素（菌克毒克）300倍液喷雾。

炭疽病：偏施氮肥、田间排水不良、果实发生日灼时容易引发此病，高温多雨有利于炭疽病的发生和流行，造成大量落叶、落果；在发病初期用25%使百克（咪鲜胺）1500倍液、80%大生M-45可湿性粉剂700倍液、10%世高（苯醚甲环唑）1500 ~ 2000倍液、75%百菌清800倍液、65%代森锌700倍液、43%富力库（戊唑醇）4000倍液喷雾。

菌核病：病菌在土壤中越冬，深翻土壤可减轻病害，发病初期及时清理病部，集中处理；用40%菌核净2000倍液、50%万霉灵（硫菌灵）1000倍液、50%速克灵（腐霉利）1000倍液、50%扑海因1000倍液喷雾。

图4-8 中心植株开始发生青枯病

疫病：做到雨前雨后及时防控，用12.5%氟啶胺悬浮剂800倍液，或用50%瑞镇（嘧菌环胺）水分散粒剂1000倍液，或用72%霜脲·锰锌可湿性粉剂800倍液，或用68%金雷多米尔可湿性粉剂1000倍液喷雾或灌根。

青枯病：用 20% 石灰液每病穴浇灌 250 毫升，选用 50% 琥胶肥酸铜可湿性粉剂 500 倍液，或用 55% 班宁叶枯 · 噻唑锌（20% 叶枯唑 +35% 噻唑锌、5% 春雷霉素）水剂 1000 倍液，或用 6% 达克宁先锋（春雷霉素可湿性粉剂）1500 倍液喷洒防控，以上药剂轮换择用。

棉铃虫和斜纹夜蛾：用 50% 氟啶虫胺腈水分散粒剂 2500 倍液，或用 14% 蛤蟆王（虫螨 · 茚虫威）悬浮剂 2000 倍液，用 5% 抑太保（氟啶脲）2000 倍液，或 1% 杀虫素 2000 ~ 3000 倍液，或 5% 杜邦普尊（氯虫苯甲酰胺）2000 倍液，或 8000 国际单位 / 微升苏云金杆菌悬浮剂喷雾防治（卵孵化期喷施），每亩用药 20 克。

蓟马、蚜虫、粉虱、红蜘蛛、茶黄螨等螨类：群集叶背刺吸为害，用 25% 吡蚜酮可湿性粉剂 1500 倍液喷雾防治，用 10% 一遍净 2000 倍液，或 20% 好年冬 1000 倍液，或 20% 康福多（咪蚜胺）4000 倍液喷雾，或用 10% 虫螨腈悬浮剂 1000 倍液喷雾，或用 30% 鼎达（噻虫嗪）可湿性粉剂 2000 倍液喷洒。防虫用药一般要连续喷 2 ~ 3 次，每次间隔 5 ~ 7 天，且要选择 2 种农药轮番使用，喷药要细致、周到，注意喷叶背。同时要消灭杂草，及时清理田间枯枝病叶和残体。

8. 采收

开花至青椒采收约 15 天，红椒采收约 25 天，青椒始采一般在 7 月初，可采收至 10 月下霜之前。采摘时间最好是早上露水干后或傍晚，连果柄摘下，要轻拿轻放，及时进行投售，不能装尼龙袋，以免发热腐烂，避免雨淋、日晒。

图 4-9　辣椒果实采收

（二）高山茄子栽培技术

1. 品种特性

茄子植株高大，有“茄树”之称，高1.6米，根系发达，深1.3米，横向伸长至1.2米以内的土层中，吸收力强，较耐旱，如肥水充足，果大而色鲜艳；但不耐涝，土壤或空气湿度过大易患病，排水不良易烂根；茎直立，基部木质化；单叶互生，卵圆或长椭圆形；叶柄长，叶身大。茄子开花结果习性相当有规则，主茎长到一定叶数，即着生第一朵花（或花序），于每一个着果节位下部及其叶腋长出两个侧枝，是“丫”字形分枝，以后主侧蔓每隔2片叶形成一个花芽，按此方式有规则地开花结果，花单生或簇生，紫色或白色，雌雄同花。茄子花朵的花柱因植株营养状况不同，有长短差异，营养条件好，花朵大、色泽鲜艳；花柱长、伸出花药之外，有利授粉，结果率高，形状有长、圆、卵圆等，果皮紫色、白或绿色。茄子果实与萼筒交接处白色或绿色，称茄眼。茄眼的宽狭可作为果实生长快慢的标志。茄子适应性广，生长结果期长，高产稳产，是夏、秋季主要蔬菜，尤其在7～9月淡季中占重要地位，每亩产量一般3500千克，高者5000千克以上。

图4-10　茄子田间栽培

2. 品种选择

目前高山越夏选用的品种有168红茄、紫长茄、线茄、农友长茄、先锋二号紫茄等，具有中熟优质、果形美观、色泽鲜艳、采收期长等特点，较抗青枯病、灰霉病，耐绵疫病、黄萎病，比较适合越夏栽培。

3. 露地育苗

（1）催芽

床土要求疏松肥沃，增施氮、磷肥，播种前 5 ～ 7 天浸种催芽，将种子放入 50 ～ 55℃热水中不断搅动，直到温度降至 30℃左右，浸种 8 ～ 10 小时，然后捞起洗净、用湿毛巾包好，置于 30 ～ 35℃条件下催芽，每隔 4 小时翻动清洗一遍，5 ～ 7 天有 70%以上种子露白后即可播种。

（2）播种

采用塑料薄膜小拱棚育苗，高山越夏以 3 月播种为宜，播种前在苗床上撒一层过筛营养药土作垫籽土，然后切成 8 厘米 ×8 厘米的营养块（营养袋、穴盘），用手指在营养块中间扎深 0.5 厘米的穴，催芽的种子按穴播种，播后均匀撒上 1 厘米厚的过筛营养土，盖上稻草并洒水，拱上塑料小棚膜。

（3）苗床管理

从播种到出苗白天保持 25℃左右，夜间不低于 15℃，经催芽的种子播后 4 ～ 5 天即可出土，应及时掀去稻草，早晚及时揭盖膜，防止出现高脚苗，减少病害发生；幼苗 2 ～ 3 片真叶时每亩追施尿素 5 千克，以后视苗势酌情追施 2% 磷酸二氢钾加 0.2% 尿素水，以促幼苗健壮，严防猝倒病、叶霉病，定植前 7 ～ 10 天撤膜炼苗。

4. 定植栽培

（1）选地

选择地势较高且排灌方便、前茬未种过茄科作物的肥沃土壤，定植前翻土深 30 厘米，每亩施腐熟农家肥 3000 千克、钙镁磷肥 50 千克、硫酸钾型复合肥 10 千克、硼锌肥 1 千克，耙细整平。双行种植，按畦带沟宽 1.4 米作畦，沟宽 35 厘米左右，深 35 ～ 40 厘米。

（2）栽植密度

茄子植株高大，叶大而茂盛，株间易郁闭，而果实颜色发育要求有充足光照，因此栽植要比番茄、辣椒稀，每亩种 1000 株左右。宜选冷尾暖头晴朗天气的下午定植，移栽时多带土坨，大小分开，尽量不伤根系，不栽病苗，不栽隔夜苗；让根系自然舒展，覆土压紧，并及时浇足定根水（可适当加入活力生根剂）。具体因品种、栽培技术有不同，早熟种比晚熟种可稍密；打叶比不打叶的可密些，紫茄品种采用打叶措施每亩可种1800株，一般畦带沟宽1.3米，每畦种2行，株距45厘米，适当密植可以提高前期产量。

5. 大田管理

（1）肥水把控

茄子生长结果期长，产量高，需肥水量大，基肥适宜有机肥料，每亩施厩肥1500千克或土杂肥2000千克、过磷酸钙25千克、尿素4千克；追肥以氮肥为主，配合磷、钾肥，定植到结果之前追肥约2次，即生长前期温度尚低不适宜生长，吸收能力弱，肥效不高，需要适当追肥，促进生长，每亩追施硫酸钾型复合肥15千克、尿素5千克，以后每采果2批次追施硫酸钾型复合肥30千克、钾肥5千克。结果期间需要大量水分，可在畦面铺一层稻草保湿，越夏高温干旱应及时灌溉“跑马水”，如缺少水分，易发生脐腐病和红蜘蛛。

图4-11　自行设计追肥专用漏斗

（2）植株打叶

适当整枝抹芽，打去部分老叶，能增加下部通风透气，减少病虫害，促使果实生长发育良好；对茄坐果后，将门茄以下萌芽的侧芽和下部老叶打掉；进入盛果期要根据苗情、天气及土壤供肥力剪除部分老、黄、病叶和弱果、病虫果及不规则果，以利于植株正常挂果；但壮龄叶不要打，其光合作用最盛，应保护。

图4-12　适当整枝抹芽，打去部分老叶

（3）防止落花

落花是茄子生产上存在的主要问题之一。茄子花粉管发芽适宜温度为20℃，最低界限温度为15℃，最高为33℃，提早栽培，温度过低或过高都会引起落花，植株徒长、枝叶过多、通风透光性差、肥水不足、花器缺陷、短花枝、干燥、红蜘蛛危害也会引起落花。要对症下药，可用生长调节剂2,4-D或防落素（对氯苯氧乙酸钠）喷花。

6. 病虫害防治

越夏茄子无公害生产应以农业和物理防治为主，如清洁田园、田埂，及时整枝打叶和加强肥水管理等；确实需要进行化学防治时，应采用低毒、低残留、生物农药并注意防治方法。

绵疫病、灰霉病：发病初期喷施50%扑海因可湿性粉剂1000倍液，或10%世高水分散粒剂1000～1500倍液防治。

黄萎病：开花坐果期结合其他病害的防治，喷施20%二氯异氰尿酸钠可溶性粉剂400倍液；或80%多·福·锌可湿性粉剂800倍液+1.05%氮苷·硫酸铜水剂300～500倍液+88%水合霉素可溶性粉剂800倍液；均匀喷雾，视病情隔7～15天1次。

青枯病：发病初期喷施77%可杀得（氢氧化铜）可湿性粉剂600倍液，或80%乙蒜素乳油1000倍液，或20%噻菌铜悬浮剂500～800倍液，或康地蕾得（0.1亿CFU/克多黏类芽孢杆菌细粒剂）可湿性粉剂1.5千克/亩药液灌根，连灌3次。

病毒病：在苗期和初花期用20%毒克星可湿性粉剂500倍液，或1.5%植病灵水乳剂800倍液、3.85%病毒必克水乳剂（三氮唑核苷·铜锌）500倍液、5%菌毒清水剂（环中菌毒清）400倍液等喷雾防治。

虫害：主要害虫有二十八星瓢虫、茄螟、红蜘蛛和地老虎。防治红蜘蛛可喷施5%甲维盐微乳剂，防治地老虎可用2.5%敌杀死（溴氰菊酯）或2.5%功夫（高效氯氟氰菊酯）20毫升/亩，或用毒饵毒土进行诱杀；防治二十八星瓢虫、茄螟用25%灭幼脲3号悬浮剂1500倍液、5%抑太保乳油2000倍液。

7. 采收

及时采收是丰产措施之一，对营养生长不良的植株更应及时采收。茄子采收标准看茄眼的颜色，茄眼宽、颜色分明，表示果实正在生长，组织柔嫩，品质好，茄眼不明显表明生长慢。果实在成熟过程中糖分及干物质含量逐渐增加，氮化合物和酸逐渐减少。果实过于成熟，不但品质下降，种皮变硬，种子发育，而且植株营养物都转运到果实种子中去，妨碍茎叶生长。越夏高温天气，应在早晨或傍晚采收，因为中午果实温度高呼吸旺盛、损耗多，容易干瘪，供应外地远距离运输的长茄更应注意避免中午摘果。

图 4-13　茄子采收

（三）高山番茄栽培技术

1. 品种特性

番茄是茄科番茄属一年生或多年生草本植物，全体生黏质腺毛，有强烈气味，茎易倒伏，叶羽状复叶或羽状深裂，花序总梗长 2 ~ 5 厘米，常 3 ~ 7 朵花，花萼、花冠辐状，浆果扁球状或近球状，肉质而多汁液，种子黄色，花果期夏秋季。中国南北方广泛栽培。番茄的果实营养丰富，具特殊风味，可以生食、煮食，加工番茄酱、汁或整果罐藏。白天适宜的温度为 25 ~ 28℃，夜间 16 ~ 18℃，充足的光照、适宜的温差利于养分的积累和转熟，促进植株健康发育，防止徒长，增强番茄的抗病、抗逆能力，提高产量。

2. 良种选择

选用高产、抗病的品种，如密光、佳粉 15、亚蔬极品六号、黑王子、夏日阳光、利农、金妃等。

3. 茬口安排

采用一年两茬（早春花菜、夏秋茬番茄）。

4. 播种育苗

（1）播种时期

根据产品上市时间选择适宜品种来安排播种期。一般7月底开始上市的番茄，于4月初小拱棚保温播种育苗，5月中旬定植。

（2）种子处理

播前先进行种子消毒，将种子放入55℃温水中烫种10分钟后，冲洗干净，放入清水中浸泡5～6小时，取出用纱布包好，拧去水分，放入约25℃的培养箱中催芽，待70%种子露白后进行播种。或用2.5%适乐时（咯菌腈）拌种即可播种。

（3）育苗方法

育苗一般使用火烧土和炭化稻壳，按1：1的比例将火烧土和炭化稻壳混匀，同时按300：1的体积比加入复合肥，混匀后装入50孔穴盘或8厘米×8厘米的塑料育苗袋中。每个穴眼或塑料袋中播一粒种子，播后覆盖过筛细土0.8厘米，再用清水浇透。高山播种育苗应注意拱棚保温保湿。

（4）苗期管理

出苗前拱棚内温度以25～28℃为宜，齐苗后白天最高气温25～28℃，最低夜温8～10℃，地温18～20℃。苗期一般只浇清水，喷甲基托布津、多菌灵、杀毒矾等2～3次，防土传病害。4片真叶以后每周进行一次叶面追肥，具体方法是15千克水中溶化15克尿素和30克磷酸二氢钾，用喷壶进行叶面喷施。番茄的优质、丰产栽培，以定植中龄苗为宜。其标准是：苗高20厘米左右，6～7片叶，初显花蕾。

5. 定植

综合地域特点及地温情况而定。有条件的通常采用大棚设施栽种番茄，以市场为导向择期播种。

（1）沃野选择

选用地势高、肥沃、富含有机质园地，定植不宜与茄果类蔬菜、烟草、花生、土豆等作物连作，上茬以菠菜、葱蒜、白菜、萝卜为宜，亩施腐熟农家肥4000千克，配合施磷肥100千克、磷酸铵10千克，深耕35厘米，耙平后开沟，夏秋季栽培株距以40～45厘米为宜。

（2）定植密度

一般是在畦上种两行，株距视品种熟性和整枝方式而定。如果是采取单秆整枝，每株留 4 ~ 6 穗果，株距 35 ~ 40 厘米，每亩 1800 ~ 2000 株；若采取双秆整枝，株距可为 45 ~ 50 厘米，每亩 1200 株左右。

图 4-14 番茄的田间栽培

6. 田间管理

（1）植后管理

定植后浇 1 次缓苗水，然后蹲苗，浅中耕培土。当有 2 ~ 3 朵小花开放时，于上午 9 ~ 10 时用 25 ~ 30 毫克 / 千克防落素喷布花序背面防落花落果。第一穗第一果直径达 3 厘米左右时，进行第一次追肥浇水，每亩追高氮高钾复合肥（N ：P_2O_5 ：K_2O=16 ：5 ：30）20 千克。第二、第三穗第一果直径达到 3 厘米时，分别进行第二、第三次追肥。生长后期注意防除杂草。

（2）引蔓整枝

栽培番茄单秆整枝，用竹竿插人字架。每株留 5 穗，前 3 穗每穗留 3 果，第四穗留两果。4 穗果以上留 2 ~ 3 片叶摘心打顶。

（3）保花保果

番茄易落花落果，因此应采取保花保果措施，一般于盛花期用番茄防落素 20 毫克 / 千克剂量每穗花喷一次，根据坐果数的多少进行适当疏果，每穗只留 4 ~ 6 个大果。

（4）肥水管理

坐果前，由于栽培中含有较多的有机肥料，足以满足其营养生长的需要，不需另外施肥。坐果后，每亩每半个月施三元复合肥 30 千克，水分管理掌握保持土壤湿度 60% 左右，以降低园内温度。

图 4-15　番茄的田间管理

7. 病虫害防治

必须按照防重于治的思路，加强防控。首先是进行轮作，尽量避免重茬；其次是搞好消毒灭菌，严格控制湿度；第三是化学药剂防治。

（1）病害

主要病害有灰霉病、早疫病、晚疫病。

灰霉病：用 50% 速克灵可湿性粉剂 1500 倍液或 50% 扑海因可湿性粉剂 2000 倍液均匀喷雾。

早疫病：在田间出现中心病株时，及时摘除病叶、病果，喷 75% 百菌清 600 倍液或 64% 杀毒矾可湿性粉剂 500 倍液。

晚疫病：用 72% 克露（霜脲·锰锌）可湿性粉剂 600 倍液或 50% 安克（烯酰吗啉）可湿性粉剂 900 倍液均匀喷雾。

病毒病：田间出现中心病株，及时拔除并细致防治蚜虫、粉虱等传毒害虫，发病初期可喷病毒清、病毒必克 500 ~ 600 倍液防治。

（2）虫害

主要虫害有烟粉虱、斑潜蝇、棉铃虫。

烟粉虱：用 10% 吡虫啉可湿性粉剂 2000 倍液或者 25% 扑虱灵（噻嗪酮）可湿性粉剂 1000 倍液喷雾。

斑潜蝇：用 1.8% 爱福丁（阿维菌素）乳油 4000 倍液或 75% 潜克（灭蝇胺）可湿性粉剂 4000 倍液喷雾。

棉铃虫：用 0.5% 甲维盐乳油 1500 倍液，或灭幼脲 3 号或 5% 普尊（杜邦公司）2000 倍液喷雾。

以上药剂隔 7 ~ 10 天使用 1 次，共用 2 ~ 3 次。还应注意不同药剂的交替使用，以防产生抗药性。

8. 适时采收

适时采收，确保其外观与口感更优，从而占领更大的市场，实现节本增收创富。采收番茄时应轻摘轻放，摘时最好不带果蒂，以防装运中果实相互被刺伤。番茄成熟有绿熟、转色、成熟、完熟 4 个时期。贮存保鲜可在绿熟期采收。运输出售可在转色期（果实的 1/3 变红）采摘。就地出售或自食应在成熟期即果实 1/3 以上变红时采摘。初霜前，如还有没熟的青果，应采下后贮藏在温室内，待果实变熟后再上市，这样既延长了供应期，又增加了经济效益。在果实后熟期不宜用激素刺激果实着色，经精选后装箱销售，它的好处在于既降低了生产成本，改善了果品品质，又保障了消费者的食用安全。

（四）高山夏秋萝卜栽培技术

1. 品种特性

萝卜是十字花科萝卜属二年或一年生草本植物，高 20 ~ 100 厘米，直根肉质，长圆形、球形或圆锥形，外皮绿色、白色或红色，茎有分枝，无毛，稍具粉霜。总状花序顶生及腋生，花白色或粉红色，果梗长 1 ~ 1.5 厘米，花期 4 ~ 5 月，果期 5 ~ 6 月。萝卜根作蔬菜食用，种子、鲜根、枯根、叶皆入药，种子消食化痰，鲜根止渴、助消化，枯根利二便，叶治初痢，并预防痢疾，种子榨油工业用及食用。萝卜是古老的栽培作物之一，远在4500年前，萝卜就已成为埃及的重要食品。中国各地普遍栽培。

图 4-16　萝卜

2. 品种选择

白玉春萝卜是由韩国引进的肉质致密型品种，株型半直立，快速生长，叶片为花叶、有茸毛，深绿叶色，叶数少，白色肉质根、长圆筒形，一般长 26 ~ 32 厘米、直径 7 ~ 8 厘米，不易抽薹、糠心、裂根，根部全白，光滑鲜润，肉质脆嫩，品质优良，单根重 1.0 千克，最大 2.5 千克，品质出众。高山区夏秋露地栽培亩产量在 3500 ~ 5000 千克，适播期长，整个生长期 50 ~ 75 天，耐贮藏、易运输、高效益。

3. 栽培技术

（1）选整地施底肥

选择地貌平坦、土层深厚、土质松散、富含有机质、保水保肥性好且排灌方便、前两年未种过十字花科作物的中性或微酸性沙壤土作为栽培地。每亩施腐熟农家粪肥 2000 千克或腐熟商品有机肥 1000 千克、45% 硫酸钾型复合肥 40 千克、硼砂 1.5 千克，充分拌匀后施入栽培地作底肥，耕深 28 厘米以上，做到耙平耙细，达到“齐、松、细、净”的高标准，再按畦带沟宽整成 150 厘米龟背形畦面，畦高 25 ~ 35 厘米，畦面宽 120 厘米，畦沟宽 30 厘米，同时清理好“三沟”，以利于灌排。

图 4-17　萝卜的田间栽培

（2）及时杀菌消毒

要及时对栽培地土壤杀菌消毒和防治地下害虫。杀菌可选 50% 氟啶胺悬浮剂 2000 倍液或 55% 敌磺钠可湿性粉剂 700 倍液，全园喷雾；杀虫可选用 1.8% 阿维菌素乳油 1000 倍液或 90% 晶体敌百虫 500 倍液，全园喷雾。

（3）适时择令播种

南方高山区夏秋季露地栽培，可依据 6 月至 9 月夏秋淡季市场需求分批采收。一般在 4 月至 7 月择令错开播种期，播种前要开好穴并浇足 8 ~ 10 厘米土层的底墒，确保土壤湿润而不渍，即可进行播种，每穴点播 1 粒，行株距均为 30 ~ 35 厘米，即每畦播 3 行，每亩播种 3400 ~ 3800 穴，播种后盖土 1.5 厘米厚。要注意防干旱、防强暴雨冲刷，促进种子发芽出苗，出苗后注意防控苗期病虫害。

建议：播种时各栽培地每亩就近配 350 个营养袋苗，以备栽培地缺苗补栽用。

（4）及时查苗补苗

南方高山区夏秋播种 4 ~ 5 天后基本全苗，务必实时查补苗，如有缺失苗（注意是否虫咬），可用营养袋培育的备用苗进行补栽。补栽时连苗带土坨将营养袋苗移入空穴处，虫害缺苗务必及时灭虫。

（5）适时肥水管理

高山夏秋萝卜对养分有特殊的要求，要及时进行肥水管理。施肥后把握中耕由深到浅程序进行松耕、培土，注意防损伤根部、根颈造成裂根、腐烂，影响萝卜的正常生长、产量和品质。

肥分管理：出苗后要及时追施护苗肥，苗长出 2 片真叶时，每亩用 45% 硫酸钾型复合肥 5 千克或尿素 5 千克加硫酸钾 2 千克兑水冲施；第二次追肥在萝卜幼苗期结束（约两周），植株长出 7 ~ 8 片叶时，每亩用 45% 硫酸钾型复合肥 10 千克加硫酸钾 2.5 千克兑水冲施（为防止萝卜叶徒长，浇水要做到适时适量，轻浇少浇，不可大水漫灌，以促进萝卜根系的深扎）；第三次追肥在肉质根开始转入快速生长期和膨大期，当植株长出 12 ~ 13 片叶后，每亩施 45% 硫酸钾型复合肥 15 千克加硫酸钾 5 千克，穴施于株间空地，距肉质根 10 厘米处。

水分管理：高山区夏秋种植萝卜恰逢高温、干旱、台风暴雨期，应根据天气和土壤条件灵活管理。高温干旱期间务必坚持下午 3 时后浇水或沟灌“跑马水”，以防嫩叶枯萎、肉质根腐烂，大雨、暴雨、台风雨后必须及时排水、排泥，做到“三沟”畅通，防止潮气过剩造成沤根，发生裂根、烂根；收获前 7 天停止浇水。

高山区夏秋萝卜易缺硼、钙元素，肉质根会变黑、糠心、味苦、味辣、品质粗糙等。因此肉质根膨大期务必保持土体有效含水量在 65% ~ 80%，且补充硼、钙和钾肥。

4. 病虫害防治

高山区夏秋萝卜要想达到优质、丰产，防治病虫害应以“预防为主，综合防治”为原则。

（1）主要病害

主要病害有病毒病、霜霉病、黑腐病。病毒病发病初期，可喷洒 3.95% 病毒必克可湿性粉剂 500 倍液 +10% 吡虫啉可湿性粉剂 1000 倍液 + 磷酸二氢钾 800 倍液，或 1.5% 植病灵乳剂 1000 倍液 +3% 啶虫脒微乳剂 2000 倍液 + 磷酸二氢钾

800倍液，隔7天喷1次，连喷2次；霜霉病发病初期，选用80%大生M-45可湿性粉剂、68%金雷多米尔可溶性粒剂、75%百菌清可湿性粉剂、64%杀毒矾可湿性粉剂、58%甲霜灵锰锌可湿性粉剂等农药喷雾防治，每隔5～7天喷1次，连喷2次，喷药时老叶背面也要均匀喷到；黑腐病发病初期，适时用50%王铜可湿性粉剂600倍液，或50%春雷霉素可湿性粉剂，每隔5～7天喷1次，连续进行2次。

（2）主要虫害

主要虫害有蚜虫、小菜蛾、菜青虫、黄曲条跳甲、地老虎、蛴螬、蝼蛄，宜采用农业防治、药剂配合的方法。农业防治：在播种前深耕晒白、精细耕作，创造有利于天敌而不利于虫害的生态环境；药物防治：宜选高效、低毒、低残留的生态环保型药剂，于幼虫3龄期前全园喷雾防治，用90%晶体敌百虫或10%氯氰菊酯乳剂30～40倍液拌米糠、菜叶碎片制成毒饵，在傍晚时撒施在株蔸根际附近诱杀地下害虫。

（3）草害防治

以种植过程中适时清除栽培地周边杂草为主。在菜畦边、畦沟的杂草可人工锄除，若栽培地土壤湿度大，畦面的杂草生长迅速，可采用清沟土壤及时镇压杂草，促杂草死亡。

图4-18　萝卜适时采收

5. 适时采收

高山区萝卜夏秋播种后50～75天均可采收陆续上市，以外叶片开始掉落退绿为采收适期，此期间根型匀称洁白，商品性佳。为满足市场供给需求，宜控制单根重在0.75～1.25千克，留鲜叶茎桩约5厘米，清洗干净后稍晾，整齐装入编织袋，及时销往市场。

五、叶菜类蔬菜机械化生产技术

（一）各生产环节农业机械

1. 施肥作业

施肥作业是蔬菜生产的重要作业环节，需要消耗大量人力物力资源，施肥机械作为合理施用肥料的基本手段，可以降低人工施肥作业所需的大量人力成本，同时更加科学的施肥方式提高了肥料利用率，减少土壤板结，提高保肥性和土壤微生物活性，减少了对资源的浪费和环境的危害。施肥机械一般分为化学肥料施肥机械和有机肥撒（抛）肥机械。

（1）撒（抛）肥机

用于叶菜类蔬菜有机肥（堆肥）的取肥和撒（抛）肥作业，所施肥料主要是针对种植移栽前都必须施的畜禽粪肥、泥肥和液态肥等基肥。撒（抛）肥机按主要结构型式一般分为自走式和牵引式。

①履带乘坐式有机肥撒肥机（带自动取肥功能）。履带乘坐自走式可原地转弯，通过性能好，撒肥宽度一般可调，通过抛撒滚筒和货箱底板正反转，及货箱的角度调整，实现自动取肥和自动撒肥，带肥厢行走防漏肥装置。与牵引式撒肥机相比，自走式撒肥机最大的优势是动力传动平稳直接，损耗小，工作效率高，同时体积小巧操控灵活，便于转场和田间调头。

图 5-1　MSX650M 型乘坐自走式有机肥撒肥机

②牵引式撒（抛）肥机。牵引式撒（抛）肥机主要由肥料箱、动力传递装置、输肥装置、抛撒装置等组成，工作时，输出动力带动齿轮箱转轴上的抛撒装置旋转，

将有机肥料均匀抛撒在田间，同时，由牵引机车输出的动力还可带动输肥装置及搅拌器等附属装置工作。

图 5-2　侧抛式固态肥抛撒机

图 5-3　喷洒式液态肥撒施机

（2）施肥机

用于叶菜类蔬菜种植移栽前基肥施肥和种植移栽后追肥作业，所施肥料主要是针对种植和移栽后所施的颗粒状、小结晶粉末状化肥。化学肥料施肥机械按主要结构型式一般分为自走式和牵引式。

①自走式施肥机。自走式施肥机结构一般为小型单行施肥机，动力采用小型汽油机，底盘采用微耕机，利用从动轮加链条带动排肥机构，实现自动连续施肥作业，具有灵活、通过性能较好等特点。

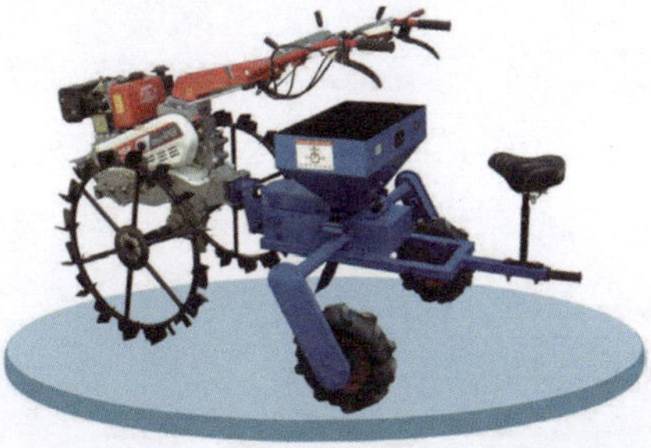

图 5-4　YS-2F1 自走式单行施肥机

图 5-5　YS-2F1 自走式单行施肥机作业

②牵引式施肥机。牵引式施肥机结构大多数为大型多行施肥机，动力一般采用轮式拖拉机，通过拖拉机动力输出轴加链条带动排肥机构，实现自动连续施肥作业，具有稳定性好、效率高等特点。

图 5-6　牵引式多行施肥机

2. 耕整地作业

耕整是蔬菜种植的第一个环节，通过农机具的物理机械作用，改善土壤的耕层结构和地面状况，有利于疏松土壤，恢复团粒结构，积蓄水分、养分，覆盖杂草、肥料，防止病虫害。蔬菜耕整地作业包括深耕、碎土、起垄（整形）、开沟（作畦）、施肥、覆膜等环节。福建省蔬菜生产各环节中耕整地环节机械化水平相对最高，但作业效率和质量有待提高。耕整地过程中常用的机械又可以分为动力机械、旋耕起垄机械、覆膜机械等。

（1）轮式拖拉机

以橡胶轮为行走装置，移动性强，有较好的牵引性能，满足多种配套机具的需要，广泛应用于耕整地机械作业。

图 5-7　东方红轮式拖拉机

（2）履带式拖拉机

采用橡胶履带行走机构，低车身，抗下陷性能强，转弯半径小，操纵轻便灵活，离地间隙高，接地比压小，通过性能好。采用力、位调节悬挂装置，配套多种农机具，可完成犁耕、旋耕、起垄、开沟、装载、打孔等多种作业需求，特别适合福建省丘陵区蔬菜种植综合作业。

图 5-8　NF-Y602 型履带式拖拉机

（3）大棚拖拉机

在国内外拖拉机基础上设计出的大棚专用拖拉机，整机结构紧凑、转弯半径小、液压转向，具有驾驶轻便、作业效率高等特点；适用于蔬菜大棚机械化作业。

图 5-9　KUBOTAB2741 型大棚拖拉机

（4）起垄铺膜机

可同时完成起垄、覆膜作业，根据需要灵活选择垄的形状（圆垄、方垄），也可根据使用膜的宽度进行调整，适应性广泛。用于叶菜、辣椒、番茄等蔬菜种植的起垄、铺膜、铺管作业。

图 5-10　AMC-900 型起垄铺膜机

（5）履带自走式旋耕机

采用橡胶履带行走机构，提高了抗下陷性能，耕深采用液压升降调节。主要应用于未耕地或已耕地上旋耕或起垄作业，具有旱耕土块细碎，水耕泥烂浆足，耕后地表平整，杂草留茬覆盖良好，耕深适度一致，不易下陷，作业效率高，一次作业可达多次犁耙的效果。

图 5-11　1GZ-140 型履带自走式旋耕机

（6）微耕机

微耕机以小型柴油机或汽油机为动力，具有重量轻、体积小、结构简单、可移动性强等特点，可在菜园中自由移动作业，便于使用和存放，解决大型农用机械无法进入山区田块的缺点。

图 5-12　微耕机

（7）悬挂式起垄机

悬挂式起垄机用于露地或温室大棚叶菜类蔬菜的田间耕后起垄作业，起垄宽度和起垄高度可调，与轮式拖拉机配套使用，满足蔬菜种植需求。

图 5-13　悬挂式起垄机

3. 播种作业

播种是将蔬菜种子按照生产要求播于田间或基质，是蔬菜生产的关键环节。目前蔬菜播种机械按照排种方式可分为机械式和气力式，按播种行数可分为单行、双行、多行，按行走方式可分为手扶式、自走式、牵引式、悬挂式。蔬菜播种机开始向精密和联合作业方向发展，对不规则蔬菜种子进行丸粒化以适应播种机作业，并采用各种监视装置及自动控制技术提高播种精密度。

图 5-14　DMBS-14 型手扶式蔬菜精密直播机

（1）手扶式蔬菜精密直播机

手扶式蔬菜精密直播机适用于大棚和露地种植的大小青菜、油菜、鸡毛菜等，可一次性完成开沟、播种、覆土等作业。具有高精密排种器，根据不同需求，能做到一穴一粒和多粒，而且株距、深度都可按需调节。

图 5-15　蔬菜旋耕起垄播种一体机

（2）蔬菜旋耕起垄播种一体机

蔬菜旋耕起垄播种一体机是针对蔬菜精细化种植研制而成的一款新机型，一次进地作业可同时实现精细整地和精量播种两个环节，减少拖拉机进地环节；联合精细化作业，整地和播种效果好，全面提高作业效率，降低作业成本。

图 5-16　2BYMSCX-800 型全自动穴盘育苗播种流水线

（3）全自动穴盘育苗播种流水线

育苗是蔬菜栽培的重要环节，也是蔬菜生产的一个特色，较直播具有多种优势。近年来，工厂化育苗因效率高、规模大、周期短、受季节限制少、生产的秧苗质量及规格化程度高等，得到不断发展和迅速推广。全自动穴盘育苗播种流水线是工厂化育苗的一组核心设备，由育苗穴盘（钵）摆放机、送料及基质装盘（钵）机、压穴及精播机、覆土机、喷淋机等五大部分组成，精播机是核心部分。

全自动穴盘育苗播种流水线根据不同的种子和播种要求，配置相应的播种板和吸种头，满足蔬菜生产基地的播种育苗需要。穴盘播种机操作简便，可一次性完成基质装盘、压穴、播种、输送、覆土等工序。

4. 移栽作业

蔬菜移栽也称定植，指将地苗床或穴盘中的幼苗移栽到大田的作业。育苗移栽能充分利用光热资源，提高蔬菜复种指数，是实现蔬菜稳定供给的重要手段。我国目前采用育苗移栽方式种植的蔬菜占全部蔬菜种植面积的60%左右。移栽机械按照取苗、投苗的自动化程度，可分为半自动和全自动。按栽植器型式可分为钳夹式、导苗管式、挠性圆盘式和吊杯（鸭嘴）式。按栽植行数可分为单行、双行、多行等。按挂接方式可分为自走式、牵引式、悬挂式。按作业功能可分为单一功能的移栽作业和具有覆膜、浇水、移栽、覆土等多功能组合的复式作业。

（1）全自动蔬菜钵苗移栽机

全自动蔬菜钵苗移栽机可实现“取苗—喂苗—开沟—定植—覆土—压实”等六个步骤全自动机械化移栽，单人操作，无需人工辅助取投苗，速度是人工移栽的10～15倍。适用于大葱、白菜、花菜、花茎甘蓝等多种蔬菜的钵苗移栽，具有作业效率高、操作简便、全程自动化等特点。

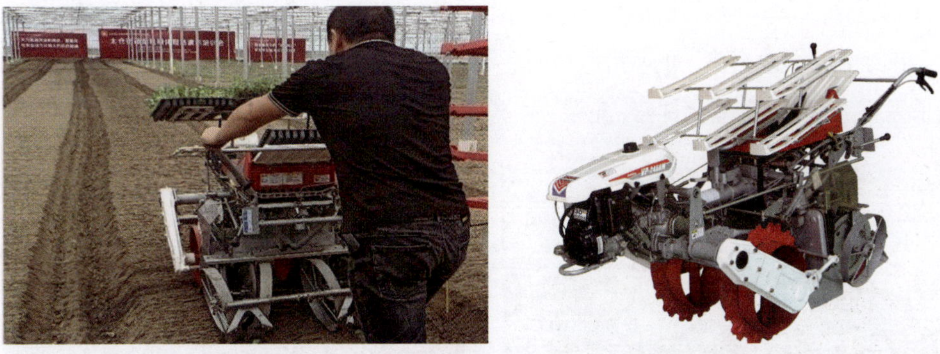

图5-17　2ZS-2（VP245B）型全自动蔬菜钵苗移栽机

（2）乘坐式双行蔬菜移栽机

乘坐式双行蔬菜移栽机应用广泛，操作轻便，适应大宗蔬菜栽培（株距、行距、

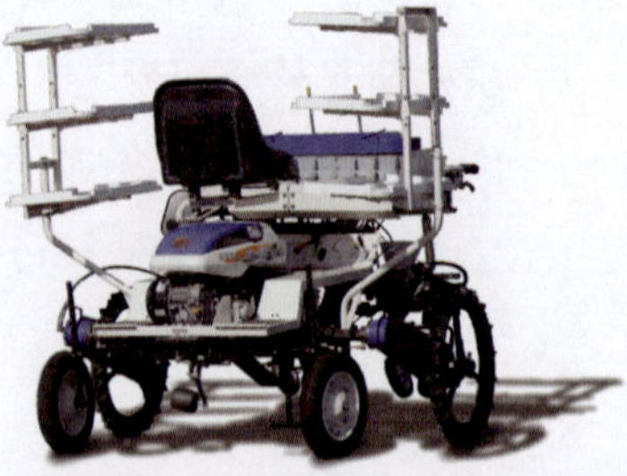

图 5-18　PVHR2-E18 型乘坐式双行蔬菜移栽机

图 5-19　2ZS-1A（PVH1-TVE18）型手扶式单行蔬菜移栽机

轮距均具有很强调节性)。单人操作，移栽效率极佳(每小时 4600 株)。自带垄端传感系统及液压升降系统，机体可随垄高自行升降，秧苗插植深度一致，保证果蔬同时期成熟。该机型可实现膜上及平洼地移栽、交错式移栽、棚内移栽等要求。

(3) 手扶式单行蔬菜移栽机

手扶式单行蔬菜移栽机应用广泛，操作轻便，适应大宗蔬菜栽培（株距、轮距均具有很强调节性）；移栽效率极佳(最大时效 2800 株)，自带垄端传感系统及液压升降系统，机体可随垄高自行升降，植株插植深度一致，保证果蔬同时期成熟，可实现膜上及平洼地移栽。

(4) 牵引式蔬菜移栽机

牵引式蔬菜移栽机具备 4 个移栽单元，适用秧苗 4 厘米×4 厘米或 5 厘米×5 厘米，最小行距 23 厘米，栽植株距调节灵活，可实现最小株距 27 厘米移栽，对幼苗的适应性较强，不易伤苗。配覆膜及镇压轮装置、带铺滴灌带装置，可根据种植需要定制移栽行数、行株距等。蔬菜移栽机结构科学，移栽性能好；工作可靠，传动比准确，移栽株距准确；工作效率高，可达到每小时移栽 16000 株。主要用于番茄、辣椒、茄子等茄果类移栽作业，也适合甘蓝、花菜、菜薹、大白菜等蔬菜移栽。

图 5-20　DUEAUTOMATIC140 型牵引式基质块蔬菜移栽机

5. 田间管理作业

田间管理是作物从播种到收获的整个栽培过程所进行的各种管理措施的总称，是为蔬菜的生长发育创造良好条件的过程，主要包括病虫害防治、中耕除草、水肥管理等环节。田间管理机械主要包括植保机械、中耕除草机械及其他蔬菜整理小型机具。

（1）植保机械

植物保护是叶菜类生产的重要组成部分，是确保蔬菜丰产丰收的重要措施之一。叶菜类常见的有喷杆式喷雾机、背负式喷雾（喷粉）机、电动喷雾器、担架式（推动式）机动喷雾机、背负式静电喷雾器等。

①自走式风送喷雾机。主要结构由发动机、离合器、变速箱、前后四驱桥、传动轴、柱塞泵、风机及喷头、药液箱、水分流阀、高压水管等组成。喷雾采用双级加速，射程远、雾料细、雾化均匀；喷雾角度调整采用电控装置，操作简便，具有机械化程度高、适用范围广、施药精准、高效等优点。

图 5-21　3WGZ-800 型自走式风送喷雾机

②自走式动力喷雾机。自走式动力喷雾机相对背负式和担架式喷雾机，移动更加方便，省时省力，配备自动回收软管，适合大棚内及露地的叶菜类蔬菜植保作业。

图 5-22　DM-VSC361B 型自走式多功能动力喷雾机

图 5-23　3WPZ-510 型自走式喷杆喷雾机

③自走式高地隙喷杆喷雾机。自走式喷杆喷雾机是一种将喷头装在横向喷杆或竖立喷杆上，自身可以提供驱动动力、行走动力完成工作的一种植保机械，该类喷雾机的作业效率高，喷洒质量好，喷液量分布均匀,可大面积喷洒各种农药、肥料和植物生产调节剂等液态制剂，适合规模基地使用。

④新能源农业植保无人车。新能源农业植保无人车主要针对国内丘陵山区及树枝较低的环境设计；载药量大，续航久，动力足，通过性能好，爬坡能力强；风送式设计、高压雾化的药液喷洒更均匀、穿透力更强；带作业视频实时远程无线传输，操作人员可以通过屏幕远程遥控操作。可选配无人自动驾驶系统、智能避障等；可选配运输挂车、割草机等设备，实现一机多用。

图 5-24　CCAR230 型新能源农业植保无人车

⑤植保无人机。植保无人机可用于地形较为复杂地区的植保作业，实现精准喷洒和智能化喷洒，可感知障碍物及周围环境，准确预判周围障碍物位置、距离、运动方向和速度等，飞行员视角影像可对田间状况一目了然，作业数据自动储存云端，一键即可生成作业报告，支持微信分享，方便农户了解作业情况，具有自动化程度高、作业效率高、适应性能强等特点。

图 5-25　极飞农业无人机

（2）中耕除草机械

中耕除草是传统的除草方式，生长在田间的杂草通过人工中耕和机械中耕可及时防除。中耕除草针对性强，干净彻底，技术简单，不但可以防除杂草，而且给作物提供了良好生长条件。机械中耕除草比人工中耕除草工作效率高。

智能自动除草机具备 4 个除草单元，后面带一个可液压调整的座位，液压调整方向带空压机，四个平衡轮，带红外感应器，并配有除草刀片、碎土器及土壤整平装置，应用范围较广。

图 5-26　OPTYMA 型智能行株间除草机

6. 节水灌溉系统

节水灌溉系统是集自动控制技术和专家系统技术、传感器技术、通信技术、计算机技术等于一体的灌溉管理系统。该系统主要通过现代化的科学技术手段，达到降低人力成本、提高自动化生产效率、节约水资源的目的。

（1）灌溉水恒压设备

灌溉水恒压设备主要包括变频恒压控制柜系统、压力表和水泵等设备。水泵采用变频恒压控水，当外界水量发生变化时，它能迅速精准地调节压力，以保持压力的恒定，提高了供水的可靠性。控制兼有手动控制和自动控制两种模式，抗干扰能力强，工作稳定可靠。

图 5-27　灌溉水恒压设备

主要应用于叶菜类蔬菜的大田灌溉和温室大棚培育等。

（2）水肥一体化控制设备

水肥一体化设备由吸肥通道、流量计、EC 检测仪和显示仪、pH 检测仪和显示仪、施肥泵、控制系统和控制柜等部分组成。在一个标准化平台上，水肥一体控制机能够实现对灌溉、施肥的定时、定量控制，充分提高水肥利用率，实现节水节肥，改善土壤环境，提高作物品质。主要应用于叶菜类蔬菜的大田灌溉和温室大棚培育等。

图 5-28　水肥一体化控制设备

（3）沼液水肥一体化泵站

沼液水肥一体化泵站是一种可大面积使用、设备兼容性强、高度集成、能够变频控压及自动过滤反冲洗的智能一体化设备。智能沼液水肥一体化泵站主要由离心泵、自动反冲洗过滤器、变频恒压控制系统、一体化控制系统、压力传感器 液位传感器和户外专用柜等组成，采用物联网技术，适配各类灌溉管道系统，实现农业灌溉自动化，让作物生长过程中保持肥水最佳状态，提高作物产量、品质。主要应用于叶菜类蔬菜的大田灌溉和温室大棚培育等。

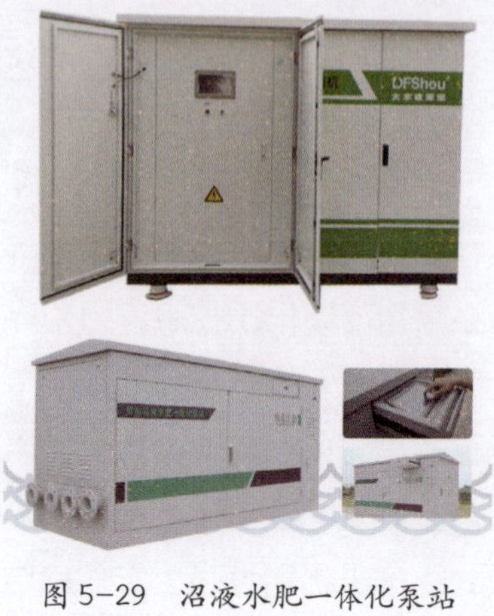

图 5-29　沼液水肥一体化泵站

图 5-30　微灌系统

（4）微灌系统

微灌是利用微灌设备组装成微灌系统，将有压水输送分配到田间，通过灌水器以微小的流量湿润作物根部附近土壤的一种局部灌水技术。微灌可以按不同的方法分类，按所用的设备（主要是灌水器）及出流形式不同，主要分为滴灌、微喷灌、小管出流灌和渗灌 4 种。它比一般喷灌更省水，能改善田间小气候，可结合施用化肥，提高肥效。主要应用于叶菜类蔬菜的大田灌溉和温室大棚培育等。

7. 收获作业

叶类蔬菜因植株脆嫩且对收获质量要求高，故收获难度较大。叶菜采收机按结构形式可分为手扶式和自走式；根据收获作业时切割刀片在泥土的位置，又可分为土下收获机和土上收获机。

（1）叶菜土上切割收获机（新能源自走式叶菜收获机）

图 5-31　叶菜土上切割收获机

叶菜土上切割收获机可实现蔬菜土上切割和收集作业，其切割高度及扶禾器高度可根据不同作物进行调整。驱动轮距不超出整个割幅，收获时不压伤割幅外的蔬菜。采用电动车辆专用电池驱动，具有无污染、噪声小、操作方便的特点。主要用于茼蒿、鸡毛菜、菜心、芥蓝、香菜、大叶菠菜等速生叶菜的收获。

（2）叶菜土下切割收获机

叶菜土下切割收获机采用机电液一

图 5-32　叶菜土下切割收获机

体化设计，配置电动车辆专用电池，主要由收割装置、输送装置、蔬菜收集箱等组成，可实现蔬菜土下切割和收集作业，具有无污染、噪声小、操作方便的特点。能在蔬菜大棚内进行收获作业，适用于大棵青菜和菠菜、生菜、杭白菜等叶类蔬菜的土下带根联合收获作业。

（3）悬挂式叶菜收获机

悬挂式叶菜收获机适合大棚或者露地菠菜等叶菜的土下带根收获，收获后需要人工进行捡拾。乘坐进行收获作业，更加高效、省力。根据软和硬的土壤情况，菜农可选择不同种设计的收获机。

图 5-33　DMSH-120 型悬挂式叶菜收获机

（4）蔬菜收获辅助高床作业车

蔬菜收获辅助高床作业车主要用于西蓝花、甘蓝、生菜等蔬菜的收获辅助平台及田间跨垄作业。机体宽度可调，两履带之间可调间距，可一次转运 50 个标准菜筐。

图 5-34　XGH600E 型蔬菜收获辅助高床作业车

8. 收获后处理作业

收获后环节除了对采收的叶菜进行运输和冷鲜储存，还包括对根茬、残留菜叶及菜茎的处理。蔬菜灭茬作业能够有效消灭田间残留杂草，并将杂草和根茬细碎直接翻入土壤，有利于增加土壤养分和有机质的含量。灭茬作业后还能够形成疏松细碎的耕层结构，有效促进土壤恢复团粒结构。收获后对残留菜叶及菜茎的粉碎处理，不仅避免残叶残渣造成环境污染，还能够达到粉碎还田，取得沤肥或自然腐熟改良土质的功效。

（1）履带乘坐式蔬菜灭茬机

履带乘坐式蔬菜灭茬机采用履带设计，可1人乘坐或站立操作作业；电启动，操作轻松，更可增加北斗农机系统；作业高度可以紧贴地面，实现大棚或小田块内蔬菜的灭茬和秸秆还田等作业。主要用于蔬菜基地灭茬或果园割草作业等。

图 5-35　RX-803 型履带乘坐式蔬菜灭茬机

（2）履带自走式藤蔓（枝条）粉碎机

履带自走式藤蔓（枝条）粉碎机配备自动进料系统，可轻松将树枝卷入并粉碎；配有辅助喂入装置，使喂料均匀，切削平稳，降低工作噪声；配备履带式行走轮和独立的行走动力系统，可在不同的路况行走，实现边行走边粉碎。广泛用于蔬菜、果园基地和新农村建设村貌整治等。

图 5-36　CT-X1700BA 型履带自走式藤蔓（枝条）粉碎机

（二）机械化生产实例

提升蔬菜机械化水平是一项系统工程，需要生产基地规划和设施技术、栽培农艺技术、农机装备技术结合配套。绿叶蔬菜是重要的蔬菜类型，由于绿叶蔬菜生产劳动力多，强度大，茬口安排密，机械化生产成为绿叶蔬菜产业发展的重要抓手。应针对特色绿叶蔬菜机械化应用情况，总结经验，提升机械化推广水平。

1. 鸡毛菜机械化生产实例

鸡毛菜是小白菜的嫩苗，又名青菜、小白菜、上海青，是十字花科蔬菜大白菜的变种。鸡毛菜口感和质地更为柔嫩，味道清香，是大众特别喜欢的一种蔬菜。鸡毛菜机械化生产包括品种选择、机械化作业和机具配置等。

鸡毛菜生长时期在三叶一心到四叶一心。

鸡毛菜机械化生产路径有：机械撒施基肥—机械耕整地—机械播种—肥水管理、植保—机械收获—机械搬运。

（1）机械施基肥与耕整地

机具配置包括深耕机、灭茬机、旋耕机、起垄机。耕前施有机肥和复合肥，深耕耕深 40 厘米以上。

机械旋耕整地起垄，表面平整，土壤细碎。耕深≥ 10 厘米，碎土率≥ 85%，垄顶面的平整度≤ 2 厘米。

图 5-37　耕整地机械（撒肥机、旋耕机和起垄机）

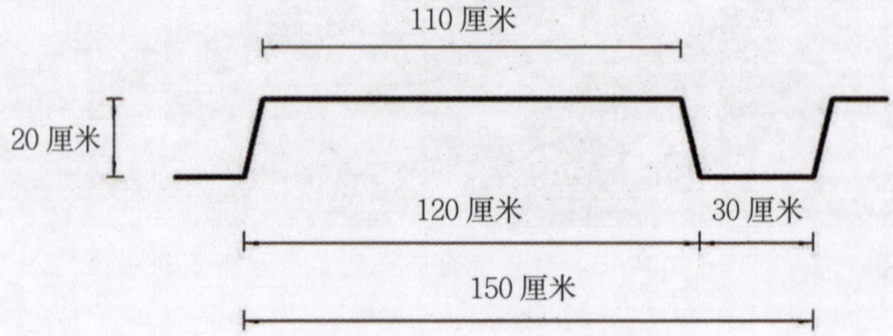

图 5-38　采用机械整地示意图

（2）机械直播

播种采用机械直播。播种时，直接将种子播种在地表。根据不同作物选择不同株行距。机具配置悬挂式或手扶式蔬菜播种机。

图 5-39　蔬菜精密播种机

（3）机械灌溉

根据作物需求，喷洒均匀，灌溉量适中。机具配置水肥一体化滴灌或喷淋。

图 5-40　水肥一体化系统

（4）机械植保

根据病虫害情况，喷洒均匀，覆盖全面。机具配置高地隙喷杆喷雾机或无人植保机。

图 5-41　植保机械（电动喷雾器、3WPS-300 型喷杆喷雾机和 MG-1P 型无人植保机）

（5）机械收获

鸡毛菜收获机要求割幅宽 120 厘米以上，收获机轮间距为 150 厘米，需要割刀高度可调，高度在 0 ~ 10 厘米范围，割幅宽，切割平整，具有拨禾、切割、输送和行走独立单元控制，生产上既要省力省工，又要保证品质。

图 5-42　自走式绿叶菜收割机

（6）机械搬运

采收后叶菜的周转箱放置到搬运车上，运输至整理车间。配置轮式搬运车或履带式搬运车。

图 5-43　轮式搬运车或履带式搬运车

2. 青梗菜机械化生产实例

青梗菜品种株型直立，头大束腰，株高28厘米左右，开展度28厘米×30厘米。叶面光滑，全缘，叶片绿色，广卵圆形。叶柄绿白色，宽厚，基部略凹。青梗菜机械化生产和鸡毛菜类似，包括品种选择、机械化作业和机具配置等。但是由于青梗菜头大束腰，在机械化采收时，对采收机械有特殊要求，一般需要的是土下切根收获机。

图5-44　青梗菜土下切根收获机

青梗菜土下切根收获机包括收割装置、输送装置、蔬菜收集箱等部件，由切割、输送、行走、割台升降独立单元控制，割刀土下1厘米切根，割幅宽，切割平整，操作方便，集切割、输送、收集于一体。

表5-1　青梗菜土下切根收获机技术参数

项目	技术参数
割幅（米）	1.3（适配垄面1.2～1.3米，可定制其他尺寸）
收割高度（厘米）	-1至0
损失率	≤4%（需全程配套起垄、移栽等设备）
生产率（千米/时）	0～10（1.2米）
4轮驱动	久保田4缸35马力发动机
最小轮距（毫米）	1450（具体根据客户要求）

3. 高秆茼蒿机械化生产实例

高秆茼蒿为菊科蔬菜，叶色浓绿，叶小而薄，茎淡绿色、细长，秆高30～40厘米，纤维少，品质好，适应性强，生长速度快，产量达到3000千克/亩。一般从播种到收获30～40天，适宜在全国各地栽培。高秆茼蒿机械化生产和鸡毛菜类似，包括品种选择、机械化作业和机具配置等。但在机械精量播种和采收要求上有所区别。

（1）机械精量播种

高秆茼蒿精量播种要点：播种前进行种子精选，去除秕籽、空籽，使用播种机，根据种子大小选用合适的播种盒，播种行数为13行，用种量2千克/亩。

图 5-45　高秆茼蒿播种机

（2）机械化采收

高秆茼蒿高30厘米时即可收获，使用叶菜收割机在距离地面2厘米处采收，幅宽70厘米，每小时可收获330米^{2}左右，实现一次性采收、输送、装筐。

（三）生产机具田间作业综合测评

农业机械是实现蔬菜产业发展的重要工具。近十年来，我国农机制造业得益于国家政策鼓励、购机补贴资金投入、财政税收优惠等多方面大力扶持，农机科研、生产、开发得到了快速发展，产业规模跨越式增长，已经实现由人畜力为主向机械作业为主的历史性跨越，农业机械化程度显著增加。但目前农机化发展还面临着许多问题：农机装备结构不合理，产前、产中、产后的农机装备发展不平衡，机具配比水平低，有些农业生产环节农机具趋于饱和或已经饱和，局部存在保有量过剩；农机装备和先进的技术发展水平不适应；单位面积农机动力、能耗、排放远远高于发达国家等。

《中华人民共和国农业机械化促进法》规定：列入国家和省支持推广目录的产品，应该通过农业机械试验鉴定机构先进性、适用性、安全性和可靠性鉴定；国家支持有关科研院所加强农机化技术研究，根据不同的农业生产条件和农民需求研发先进适用的农机产品。蔬菜生产机具田间作业综合测评包括作业性能、操作维修保养方便性、经济性、人机关系、作业质量、作业量、可靠性、操作方便性、单位作业能耗、配套性、安全性、通过性、舒适性和环保性等参数。因此，需要突破蔬菜生产关键环节机械化瓶颈，持续推进蔬菜绿色生产“机器换人”，提高蔬菜生产经济效益。下面以蔬菜移栽机田间作业效果综合测评为例进行介绍。

2021年11月26日，福建省农业机械推广总站联合福建农林大学园艺学院在长乐区古槐镇举办福建省蔬菜移栽机田间作业效果综合测评活动，对市场主流3

款蔬菜移栽机的主要作业性能指标和经济性能指标进行测评。

1. 地表和气象条件

测试地点在福州市长乐区古槐镇竹田村，环境温度 24.4℃，环境湿度 43%，土壤绝对含水率 45%。试验田块地势平坦，部分垄沟有积水（雨后 4 天）。

2. 试验移栽机基本情况

参加此次测评活动的蔬菜移栽机为福建市场主流的 3 款移栽机，分别为亚美柯 2ZS-2A 型全自动蔬菜移栽机、井关 2ZY-2A 型半自动双行蔬菜移栽机和井关 2ZS-1A 型半自动单行蔬菜移栽机。3 款产品基本情况如下表。

表 5-2　蔬菜移栽机产品参数

机具型号	亚美柯 2ZS-2A	井关 2ZY-2A	井关 2ZS-1A
动力配套方式	自走式	自走式	自走式
自动化程度	全自动	半自动	半自动
取 / 投苗方式	机械顶针	人工投苗	人工投苗
栽植方式	挠性圆盘	鸭嘴式	鸭嘴式
动力来源	燃油	燃油	燃油
适用苗盘穴数	220	128	128

图 5-46　蔬菜移栽机产品作业（亚美柯 2ZS-2A）

图 5-47　蔬菜移栽机产品作业（井关 2ZY-2A）

图 5-48　蔬菜移栽机产品作业（井关 2ZS-1A）

3. 试验秧苗和垄作情况

（1）秧苗情况

亚美柯 2ZS-2A 全自动蔬菜移栽机试验秧苗平均高度（地上部）为 5.8 厘米，

平均宽度为8.4厘米，平均叶片数3.2片，需配备专用220穴盘。井关2ZY-2A型和井关2ZS-1A型半自动蔬菜移栽机试验秧苗平均高度（地上部）为7.7厘米，平均宽度为7.5厘米，平均叶片数3.2片，无需配备专用穴盘。

（2）垄作情况

亚美柯2ZS-2A全自动蔬菜移栽机试验田块平均垄高32.3厘米，平均垄顶宽136.2厘米，平均垄底宽175.5厘米；井关2ZY-2A型和井关2ZS-1A型半自动蔬菜移栽机试验田块平均垄高28.2厘米，平均垄顶宽80.9厘米，平均垄底宽127.6厘米。

4. 移栽机作业性能评价

根据田间作业测评情况看，3款主流移栽机的漏栽率、栽植深度合格率、栽植合格率、栽植频率、作业效率均能达到行业标准（DG/T 103—2021《油菜栽植机》），能够满足生产需要。从栽植频率和作业效率上可以看出，亚美柯2ZS-2A型全自动移栽机整体田间作业效果均比半自动移栽机更好，特别是在作业效率方面，优势更加明显。详细情况见表5-3。

表5-3 蔬菜移栽机产品作业性能评价

机具型号	亚美柯2ZS-2A	井关2ZY-2A	井关2ZS-1A
漏栽率（%）	1.1	5	1.2
栽植深度合格率（%）	100	77	99
栽植合格率（%）	99	90	98
栽植频率（株/分）	91	39	49
作业效率（亩/时）	4.3	1.8	2.1

5. 移栽机经济型评价

3款蔬菜移栽机均可由1人独自完成操作机具、投放秧苗或穴盘的移栽作业。机具折旧成本受作业效率影响较大，相同价位条件下，作业效率越高，机具折旧成本越低；综合考虑人工、能耗及机具折旧成本，叶菜类蔬菜移栽机综合作业成本与作业效率呈反比；当价位相近时，综合作业成本对作业效率比较敏感，即应优选作业效率高的移栽机具。详细情况见表5-4。

表 5-4 蔬菜移栽机产品经济型评价

机具型号	亚美柯 2ZS-2A	井关 2ZY-2A	井关 2ZS-1A
机具价格（万元）	13.5	6.5	5
作业效率（亩 / 时）	4.3	1.8	2.1
作业人工数（个）	1	1	1
人工成本（元 / 亩）	5.8	13.9	11.8
能耗成本（元 / 亩）	1.1	3	2.3
机具折旧成本（元 / 亩）	8.6	16.6	15
综合作业成本（元 / 亩）	15.5	33.5	29.1

注：每天人工工资按 200 元，工作时间按 8 小时计算。

附录

附表 A　叶类蔬菜主要病虫害防治方法

主要防治对象	农药名称	使用倍数与方法	建议亩使用剂量（克、毫升）	建议每季最高使用次数（次）	参考安全间隔期（天）
霜霉病	52.5%噁唑菌酮·霜脲氰水分散粒剂（抑快净）	600～800，喷雾	25～35	1	3
	68.75%氟吡菌胺·霜霉胺·霜威盐酸盐悬浮剂（银法利）	500～800，喷雾	60～75	1	3
	50%烯酰吗啉可湿性粉剂（阿克白）	1000～2000，喷雾	30～40	1	2
	75%丙森锌·霜脲氰水分散粒剂（驱双）	1000～1500，喷雾	40～60	1	3
软腐病	72%农用硫酸链霉素可溶性粉剂	4000～5000，喷雾	14～28	1	7
黑斑病	430克/升戊唑醇悬浮剂（好力克）	1500～2000，喷雾	19～23	1	14
黄曲条跳甲	24%氰氟虫腙悬浮剂（艾法迪）	800～1200，喷雾	60～80	1	3
	40%啶虫脒水分散粒剂（更猛）	1500～2000，喷雾	10～15	1	15
菜青虫	5%氯虫苯甲酰胺悬浮剂（普尊）	1000～1300，喷雾	30～55	—	—
	16000国际单位/毫克苏云金杆菌可湿性粉剂（科诺）	600～1200，喷雾	25～50	1	3

续表

主要防治对象	农药名称	使用倍数与方法	建议亩使用剂量（克、毫升）	建议每季最高使用次数（次）	参考安全间隔期（天）
菜青虫	150克/升茚虫威悬浮剂（安打）	3000～4000，喷雾	5～10	1	3
	3.4%甲氨基阿维菌素苯甲酸盐微乳剂（奥翔）	2500～3500，喷雾	8～12	1	3
小菜蛾	150克/升茚虫威悬浮剂（安打）	3000～4000，喷雾	10～18	1	14
	10%虫螨腈悬浮剂（除尽）	1000～1500，喷雾	33.5～50	1	1
	5%氯虫苯甲酰胺悬浮剂（普尊）	1000～1300，喷雾	30～55	1	3
	240克/升氰氟虫腙悬浮剂（艾法迪）	800～1200，喷雾	60～80	—	—
	甜核·苏云菌可湿性粉剂	750～1000，喷雾	75～100	1	14
夜蛾类（甜菜夜蛾、斜纹夜蛾）	10%虫螨腈悬浮剂（除尽）	500～800，喷雾	33.5～50	—	—
	10亿PIB/毫升苜蓿银纹夜蛾核型多角体病毒悬浮剂	2500～3500，喷雾	100～150	1	3
	3.4%甲氨基阿维菌素苯甲酸盐微乳剂（奥翔）	1000～1500，喷雾	8～12	1	14
	5%氯虫苯甲酰胺悬浮剂（普尊）	1000～1300，喷雾	30～50	1	1
	240克/升氰氟虫腙悬浮剂（艾法迪）	800～1200，喷雾	60～80	1	3
蚜虫	40%啶虫脒水分散粒剂（更猛）	6000～8000，喷雾	4～6	1	7
烟粉虱	25%噻虫嗪水分散粒剂（阿克泰）	1500～3000，喷雾	10～18	1	5
	40%啶虫脒水分散粒剂（更猛）	1500～2000，喷雾	10～15	1	15

附表 B　绿色食品生产允许使用的农药清单

表 B.1　AA 级和 A 级绿色食品生产均允许使用的农药清单

类别	物质名称	备注
I. 植物和动物来源	楝素（苦楝、印楝等提取物，如印楝素等）	杀虫
	天然除虫菊素（除虫菊科植物提取液）	杀虫
	苦参碱及氧化苦参碱（苦参等提取物）	杀虫
	蛇床子素（蛇床子提取物）	杀虫、杀菌
	小檗碱（黄连、黄柏等提取物）	杀菌
	大黄素甲醚（大黄、虎杖等提取物）	杀菌
	乙蒜素（大蒜提取物）	杀菌
	苦皮藤素（苦皮藤提取物）	杀虫
	藜芦碱（百合科藜芦属和喷嚏草属植物提取物）	杀虫
	桉油精（桉树叶提取物）	杀虫
	植物油（如薄荷油、松树油、香菜油、八角茴香油等）	杀虫、杀螨、杀真菌、抑制发芽
	寡聚糖（甲壳素）	杀菌、植物生长调节
	天然诱集和杀线虫剂（如万寿菊、孔雀草、芥子油等）	杀线虫
	具有诱杀作用的植物（如香根草等）	杀虫
	植物醋（如食醋、木醋、竹醋等）	杀菌
	菇类蛋白多糖（菇类提取物）	杀菌
	水解蛋白质	引诱
	蜂蜡	保护嫁接和修剪伤口
	明胶	杀虫
	具有驱避作用的植物提取物（大蒜、薄荷、辣椒、花椒、薰衣草、柴胡、艾草、辣根等的提取物）	驱避
	害虫天敌（如寄生蜂、瓢虫、草蛉、捕食螨等）	控制虫害
II. 微生物来源	真菌及真菌提取物（白僵菌、轮枝菌、木霉菌、耳霉菌、淡紫拟青霉、金龟子绿僵菌、寡雄腐霉菌等）	杀虫、杀菌、杀线虫

续表

类别	物质名称	备注
Ⅱ. 微生物来源	细菌及细菌提取物（芽孢杆菌类、荧光假单胞杆菌、短稳杆菌等）	杀虫、杀菌
	病毒及病毒提取物（核型多角体病毒、质型多角体病毒、颗粒体病毒等）	杀虫
	多杀霉素、乙基多杀菌素	杀虫
	春雷霉素、多抗霉素、井冈霉素、嘧啶核苷类抗生素、宁南霉素、申嗪霉素、中生菌素	杀菌
	S- 诱抗素	植物生长调节
Ⅲ. 生物化学产物	氨基寡糖素、低聚糖素、香菇多糖	杀菌、植物诱抗
	几丁聚糖	杀菌、植物诱抗、植物生长调节
	苄氨基嘌呤、超敏蛋白、赤霉酸、烯腺嘌呤、羟烯腺嘌呤、三十烷醇、乙烯利、吲哚丁酸、吲哚乙酸、芸薹素内酯	植物生长调节
Ⅳ. 矿物来源	石硫合剂	杀菌、杀虫、杀螨
	铜盐（如波尔多液、氢氧化铜等）	杀菌，每年铜使用量不能超过 6 千克 / 公顷
	氢氧化钙（石灰水）	杀菌、杀虫
	硫磺	杀菌、杀螨、驱避
	高锰酸钾	杀菌，仅用于果树和种子处理
	碳酸氢钾	杀菌
	矿物油	杀虫、杀螨、杀菌
	氯化钙	用于治疗缺钙带来的抗性减弱
	硅藻土	杀虫
	黏土（如斑脱土、珍珠岩、蛭石、沸石等）	杀虫
	硅酸盐（硅酸钠，石英）	驱避
	硫酸铁（3 价铁离子）	杀软体动物

续表

类别	物质名称	备注
V. 其他	二氧化碳	杀虫，用于贮存设施
	过氧化物类和含氯类消毒剂（如过氧乙酸、二氧化氯、二氯异氰尿酸钠、三氯异氰尿酸等）	杀菌，用于土壤、培养基质、种子和设施消毒
	乙醇	杀菌
	海盐和盐水	杀菌，仅用于种子（如稻谷等）处理
	软皂（钾肥皂）	杀虫
	松脂酸钠	杀虫
	乙烯	催熟等
	石英砂	杀菌、杀螨、驱避
	昆虫性信息素	引诱或干扰
	磷酸氢二铵	引诱

注：AA 级和 A 级绿色食品生产可按照农药产品标签或 GB/T 8321 的规定（不属于农药使用登记范围的产品除外）使用表中的农药。国家新禁用或列入《限制使用农药名录》的农药自动从该清单中删除。

表 B.2　A 级绿色食品生产允许使用的其他农药清单

当表 B.1 所列农药不能满足生产需要时，A 级绿色食品生产还可按照农药产品标签或 GB/T 8321 的规定使用下列农药。

杀虫杀螨剂	
苯丁锡	吡丙醚
吡虫啉	吡蚜酮
虫螨腈	除虫脲
啶虫脒	氟虫脲
氟啶虫胺腈	氟啶虫酰胺
氟铃脲	高效氯氰菊酯

续表

杀虫杀螨剂	
甲氨基阿维菌素苯甲酸盐	甲氰菊酯
甲氧虫酰肼	抗蚜威
喹螨醚	联苯肼酯
硫酰氟	螺虫乙酯
螺螨酯	氯虫苯甲酰胺
灭蝇胺	灭幼脲
氰氟虫腙	噻虫啉
噻虫嗪	噻螨酮
噻嗪酮	杀虫双
杀铃脲	虱螨脲
四聚乙醛	四螨嗪
辛硫磷	溴氰虫酰胺
乙螨唑	茚虫威
唑螨酯	
杀菌剂	
苯醚甲环唑	吡唑醚菌酯
丙环唑	代森联
代森锰锌	代森锌
稻瘟灵	啶酰菌胺
啶氧菌酯	多菌灵
噁霉灵	噁霜灵
噁唑菌酮	粉唑醇
氟吡菌胺	氟吡菌酰胺
氟啶胺	氟环唑
氟菌唑	氟硅唑

续表

杀菌剂	
氟吗啉	氟酰胺
氟唑环菌胺	腐霉利
咯菌腈	甲基立枯磷
甲基硫菌灵	腈苯唑
腈菌唑	精甲霜灵
克菌丹	喹啉铜
醚菌酯	嘧菌环胺
嘧菌酯	嘧霉胺
棉隆	氰霜唑
氰氨化钙	噻呋酰胺
噻菌灵	噻唑锌
三环唑	三乙膦酸铝
三唑醇	三唑酮
双炔酰菌胺	霜霉威
霜脲氰	威百亩
萎锈灵	肟菌酯
戊唑醇	烯肟菌胺
烯酰吗啉	异菌脲
抑霉唑	
除草剂	
2 甲 4 氯	氨氯吡啶酸
苄嘧磺隆	丙草胺
丙炔噁草酮	丙炔氟草胺
草铵膦	二甲戊灵
二氯吡啶酸	氟唑磺隆

续表

除草剂	
禾草灵	环嗪酮
磺草酮	甲草胺
精吡氟禾草灵	精喹禾灵
精异丙甲草胺	绿麦隆
氯氟吡氧乙酸（异辛酸）	氯氟吡氧乙酸异辛酯
麦草畏	咪唑喹啉酸
灭草松	氰氟草酯
炔草酯	乳氟禾草灵
噻吩磺隆	双草醚
双氟磺草胺	甜菜安
甜菜宁	五氟磺草胺
烯草酮	烯禾啶
酰嘧磺隆	硝磺草酮
乙氧氟草醚	异丙隆
唑草酮	
植物生长调节剂	
1- 甲基环丙烯	2，4- 滴（只允许作为植物生长调节剂使用）
矮壮素	氯吡脲
萘乙酸	烯效唑

附表 C 国家禁用和限用的农药名单

农药名称	禁 / 限用范围	备注	农业部公告
氟苯虫酰胺	水稻作物		农业部公告第 2445 号
涕灭威	蔬菜、果树、茶叶、中草药材		农农发〔2010〕2 号
内吸磷	蔬菜、果树、茶叶、中草药材		农农发〔2010〕2 号
灭线磷	蔬菜、果树、茶叶、中草药材		农农发〔2010〕2 号
氯唑磷	蔬菜、果树、茶叶、中草药材		农农发〔2010〕2 号
硫环磷	蔬菜、果树、茶叶、中草药材		农农发〔2010〕2 号
乙酰甲胺磷	蔬菜、瓜果、茶叶、菌类和中草药材作物	自 2019 年 8 月 1 日起禁止使用（包括含其有效成分的单剂、复配制剂）	农业部公告第 2552 号
乐果	蔬菜、瓜果、茶叶、菌类和中草药材作物	自 2019 年 8 月 1 日起禁止使用（包括含其有效成分的单剂、复配制剂）	农业部公告第 2552 号
丁硫克百威	蔬菜、瓜果、茶叶、菌类和中草药材作物	自 2019 年 8 月 1 日起禁止使用（包括含其有效成分的单剂、复配制剂）	农业部公告第 2552 号
三唑磷	蔬菜		农业部公告第 2032 号
毒死蜱	蔬菜		农业部公告第 2032 号
硫丹	农业	撤销含硫丹产品的农药登记证，禁止含硫丹产品在农业上使用	农业部公告第 2552 号
治螟磷	农业	禁止生产、销售和使用	农业部公告第 1586 号
蝇毒磷	农业	禁止生产、销售和使用	农业部公告第 1586 号
特丁硫磷	农业	禁止生产、销售和使用	农业部公告第 1586 号
砷类	农业	禁止生产、销售和使用	农农发〔2010〕2 号
杀虫脒	农业	禁止生产、销售和使用	农农发〔2010〕2 号
铅类	农业	禁止生产、销售和使用	农农发〔2010〕2 号

续表

农药名称	禁 / 限用范围	备注	农业部公告
氯磺隆	农业	禁止在国内销售和使用（包括原药、单剂和复配制剂）	农业部公告第 2032 号
六六六	农业	禁止生产、销售和使用	农农发〔2010〕2 号
硫线磷	农业	禁止生产、销售和使用	农业部公告第 1586 号
磷化锌	农业	禁止生产、销售和使用	农业部公告第 1586 号
磷化镁	农业	禁止生产、销售和使用	农业部公告第 1586 号
磷化铝（规范包装的产品除外）	农业	①规范包装：磷化铝农药产品应当采用内外双层包装。外包装应具有良好密闭性，防水防潮防气体外泄。内包装应具有通透性，便于直接熏蒸使用。内、外包装均应标注高毒标识及“人畜居住场所禁止使用”等注意事项。②禁止销售、使用其他包装的磷化铝产品	农业部公告第 2445 号
磷化钙	农业	禁止生产、销售和使用	农业部公告第 1586 号
磷胺	农业	禁止生产、销售和使用	农农发〔2010〕2 号
久效磷	农业	禁止生产、销售和使用	农农发〔2010〕2 号
甲基硫环磷	农业	禁止生产、销售和使用	农业部公告第 1586 号
甲基对硫磷	农业	禁止生产、销售和使用	农农发〔2010〕2 号
甲磺隆	农业	禁止在国内销售和使用（包括原药、单剂和复配制剂）；保留出口境外使用登记	农业部公告第 2032 号
甲胺磷	农业	禁止生产、销售和使用	农农发〔2010〕2 号
汞制剂	农业	禁止生产、销售和使用	农农发〔2010〕2 号
甘氟	农业	禁止生产、销售和使用	农农发〔2010〕2 号
福美胂	农业	禁止在国内销售和使用	农业部公告第 2032 号
福美甲胂	农业	禁止在国内销售和使用	农业部公告第 2032 号
氟乙酰胺	农业	禁止生产、销售和使用	农农发〔2010〕2 号

续表

农药名称	禁 / 限用范围	备注	农业部公告
氟乙酸钠	农业	禁止生产、销售和使用	农农发〔2010〕2号
二溴乙烷	农业	禁止生产、销售和使用	农农发〔2010〕2号
二溴氯丙烷	农业	禁止生产、销售和使用	农农发〔2010〕2号
对硫磷	农业	禁止生产、销售和使用	农农发〔2010〕2号
毒鼠强	农业	禁止生产、销售和使用	农农发〔2010〕2号
毒鼠硅	农业	禁止生产、销售和使用	农农发〔2010〕2号
毒杀芬	农业	禁止生产、销售和使用	农农发〔2010〕2号
地虫硫磷	农业	禁止生产、销售和使用	农业部公告第1586号
敌枯双	农业	禁止生产、销售和使用	农农发〔2010〕2号
狄氏剂	农业	禁止生产、销售和使用	农农发〔2010〕2号
滴滴涕	农业	禁止生产、销售和使用	农农发〔2010〕2号
除草醚	农业	禁止生产、销售和使用	农农发〔2010〕2号
草甘膦混配水剂（草甘膦含量低于30%）	农业	2012年8月31日前生产的，在其产品质量保证期内可以销售和使用	农业部公告第1744号
苯线磷	农业	禁止生产、销售和使用	农业部公告第1586号
百草枯水剂	农业	禁止在国内销售和使用	农业部公告第1745号
胺苯磺隆	农业	禁止在国内销售和使用（包括原药、单剂和复配制剂）	农业部公告第2032号
艾氏剂	农业	禁止生产、销售和使用	农农发〔2010〕2号
丁酰肼（比久）	花生		农农发〔2010〕2号
灭多威	柑橘树、苹果树、茶树、十字花科蔬菜		农业部公告第1586号
水胺硫磷	柑橘树		农业部公告第1586号
杀扑磷	柑橘树		农业部公告第2289号

续表

农药名称	禁 / 限用范围	备注	农业部公告
克百威	蔬菜、果树、茶叶、中草药材		农农发〔2010〕2 号
	甘蔗作物		农业部公告第 2445 号
甲基异柳磷	蔬菜、果树、茶叶、中草药材		农农发〔2010〕2 号
	甘蔗作物		农业部公告第 2445 号
甲拌磷	蔬菜、果树、茶叶、中草药材		农农发〔2010〕2 号
	甘蔗作物		农业部公告第 2445 号
氧乐果	甘蓝		农农发〔2010〕2 号
	柑橘树		农业部公告第 1586 号
氟虫腈	除卫生用、玉米等部分旱田种子包衣剂外	禁止在除卫生用、玉米等部分旱田种子包衣剂外的其他方面使用	农业部公告第 1157 号
溴甲烷	农业	将含溴甲烷产品的农药登记使用范围变更为“检疫熏蒸处理”，禁止含溴甲烷产品在农业上使用	农业部公告第 2552 号
氯化苦	除土壤熏蒸外的其他方面	登记使用范围和施用方法变更为土壤熏蒸，撤销除土壤熏蒸外的其他登记；应在专业技术人员指导下使用	农业部公告第 2289 号
三氯杀螨醇	农业		农业部公告第 2445 号
氰戊菊酯	茶树		农农发〔2010〕2 号
氟虫胺	农业	①不再受理、批准含氟虫胺农药产品(包括该有效成分的原药、单剂、复配制剂,下同)的农药登记和登记延续。②撤销含氟虫胺农药产品的农药登记和生产许可。③自 2020 年 1 月 1 日起，禁止使用含氟虫胺成分的农药产品	农业农村部公告第 148 号